卓越工程师培养系列

FPGA 开发实用教程

——基于 Xilinx 和 Verilog HDL

（微课版）

钟世达　张沛昌　袁　涛　张胜利　编　著

周小安　主　审

電子工業出版社

Publishing House of Electronics Industry

北京·BEIJING

内 容 简 介

本书基于 FPGA 高级开发系统平台，共安排了 12 个实验，每个实验均包含实验内容、实验原理和实验步骤，并附上相关源代码，以确保读者能够参照本书内容顺利完成实验。另外，每章的最后设计了本章任务，可作为延伸和拓展。书中的程序均遵循《Verilog HDL 程序设计规范》（LY-STD010—2019）来编写。所有实验均基于模块化设计，以便于将模块应用在不同的项目和产品中。

本书配有丰富的资料包，包括 FPGA 高级开发系统原理图、例程、软件包、硬件包，以及配套的 PPT、视频等。这些资料会持续更新，下载链接可通过微信公众号"卓越工程师培养系列"获取。

本书既可以作为高等院校相关课程的教材，也可作为 FPGA 系统设计及相关行业工程技术人员的参考书。

图书在版编目（CIP）数据

FPGA 开发实用教程：基于 Xilinx 和 Verilog HDL：微课版 / 钟世达等编著. —北京：电子工业出版社，2023.3

ISBN 978-7-121-44906-2

Ⅰ．①F… Ⅱ．①钟… Ⅲ．①VHDL 语言－程序设计－高等学校－教材 Ⅳ．①TP312

中国国家版本馆 CIP 数据核字（2023）第 015360 号

责任编辑：张小乐　　文字编辑：曹　旭
印　　刷：北京七彩京通数码快印有限公司
装　　订：北京七彩京通数码快印有限公司
出版发行：电子工业出版社
　　　　　北京市海淀区万寿路 173 信箱　　邮编：100036
开　　本：787×1092　1/16　　印张：14　　字数：359 千字
版　　次：2023 年 3 月第 1 版
印　　次：2023 年 7 月第 2 次印刷
定　　价：49.00 元

凡所购买电子工业出版社图书有缺损问题，请向购买书店调换。若书店售缺，请与本社发行部联系，联系及邮购电话：（010）88254888，88258888。

质量投诉请发邮件至 zlts@phei.com.cn，盗版侵权举报请发邮件至 dbqq@phei.com.cn。

本书咨询联系方式：（010）88254462，zhxl@phei.com.cn。

前　言

FPGA系统设计是电子信息工程、通信工程、电子设计及自动化、生物医学工程、医疗器械工程、康复工程等专业的核心课程，读者既要掌握FPGA设计的基本技能，还要将这些技能熟练应用于各种电子技术领域。要想成为一名优秀的FPGA系统设计工程师，还需要进一步掌握软硬件联合调试的技能，具备模块化设计思想，能够从宏观角度进行系统架构设计，并灵活地将各种技术规范融入设计中。

本书是一本介绍Xilinx Spartan-6系列FPGA设计的教程，从严格意义上讲，本书也是一本实训手册。本书以FPGA高级开发系统为平台，安排了12个实验，所有实验均详细介绍了实验内容、实验原理，并且都有详细的实验步骤和源代码，以确保读者能够顺利完成实验。每章的最后都安排了任务，作为本章实验的延伸和拓展。

目前主流FPGA的功能比以往强大得多，要想掌握其知识点，就必须花费大量的时间和精力熟悉FPGA的集成开发环境、程序下载工具、仿真综合工具等。为了减轻初学者查找资料和熟悉开发工具的负担，能够将更多的精力聚集在实践环节，以快速入门，本书将每个实验涉及的知识点汇总在"实验原理"中，将FPGA集成开发环境、程序下载工具、仿真综合工具等的使用方法穿插于各章节中。这样，读者就可以通过本书和FPGA高级开发系统，秉承"勇于实践+深入思考"的思想，轻松踏上学习FPGA之路，在实践过程中逐渐掌握各种知识和技能。

本书的特点如下。

（1）以FPGA高级开发系统为实践载体，FPGA选取XC6SLX16芯片。这主要考虑到Xilinx是目前市面上使用最为广泛的FPGA芯片厂商之一，并且该系列的FPGA芯片具有成本低、使用成熟、逻辑规模小、配套资料多、开发板种类多等优势。

（2）详细介绍12个实验所涉及的知识点，未涉及的内容尽量不予介绍。以便于初学者快速掌握FPGA系统设计的核心要点。

（3）将各种规范贯穿于整个FPGA系统设计过程，如ISE开发环境参数设置、工程和文件命名规范、版本规范、软件设计规范等。

（4）所有实验严格按照统一的工程架构设计，每个子模块按照统一标准设计。

（5）配有丰富的资料包，包括FPGA高级开发系统原理图、例程、软件包、硬件包，以及配套的PPT、视频等，这些资料会持续更新，下载链接可通过微信公众号"卓越工程师培养系列"获取。

本书中的程序严格按照《Verilog HDL程序设计规范》（LY-STD010—2019）来编写。设计规范要求每个模块的实现必须有清晰的模块信息，模块信息包括模块名称、模块摘要、当前版本、模块作者、完成日期、模块内容和注意事项。

钟世达、张沛昌、袁涛和张胜利对本书的编写思路和大纲进行了总体策划，指导全书的编写，对全书进行统稿，并参与了部分章节的编写；董磊、刘宇林、黄荣祯、彭芷晴负责本书所有实验例程编写及验证，并且参与了本书部分内容的编写；周小安对全书进行了审核；本书涉及的实验基于深圳市乐育科技有限公司的 LY-SPTN6M 型 FPGA 高级开发系统，该公司提供了充分的技术支持；本书的出版还得到了电子工业出版社的鼎力支持，张小乐编辑为本书的顺利出版做了大量工作。在此一并致以衷心的感谢！

由于编者水平有限，书中难免有不成熟和错误的地方，恳请读者批评指正。读者反馈发现的问题、获取相关资料或遇实验平台技术问题，可发电子邮件至深圳市乐育科技有限公司官方邮箱：ExcEngineer@163.com。

目　录

第1章 FPGA 和开发环境

1.1 FPGA 基础概念

1.1.1 什么是 FPGA

FPGA（Field Programmable Gate Array，现场可编程门阵列）是一种可编程器件，也可以理解为一堆逻辑门电路的组合，不仅可以编程，还可以重复编程。我们可以将 FPGA 比作一个乐高积木资源库，里面有很多零件，能够根据图纸将这些零件组合，搭建出各种各样的模型；或者将 FPGA 比作一块橡皮泥，什么硬件电路都可以设计，想将这块橡皮泥捏成什么样子都可以，若不满意，则可以重来，即可重复编程。

FPGA 的优点：①FPGA 由逻辑单元、RAM、乘法器等硬件资源组成，通过将这些硬件资源合理组织，可实现乘法器、寄存器、地址发生器等硬件电路；②FPGA 可通过使用框图或硬件描述语言来设计，从简单的门电路到 FIR 或 FFT 电路都可以；③FPGA 可无限次地重复编程，加载一个新的设计方案只需要几百毫秒，利用重复配置可以减少硬件的开销；④FPGA 的工作频率由 FPGA 芯片及设计决定，可以通过修改设计或更换速度更快的芯片来达到特定的要求，不过工作频率也不是可以无限制地提高的，会受当前的 IC 工艺等因素制约。

FPGA 的缺点：①FPGA 的所有功能均依靠硬件实现，无法实现分支条件跳转等操作；②FPGA 只能实现定点运算。

FPGA 的工作原理：由于 FPGA 需要被反复下载，所以它需要采用一种易于反复配置的结构，查找表（Look-Up-Table，LUT）可以很好地满足该需求。目前，主流 FPGA 都采用了基于 SDRAM 工艺的查找表结构，也有一些军品和宇航级 FPGA 采用 Flash 或熔丝与反熔丝工艺的查找表结构。通过下载文件改变查找表内容的方法可以实现对 FPGA 的重复配置。

由于 FPGA 是由存放在片内的 RAM 设置其工作状态的，因此工作时需要对片内 RAM 进行编程。用户可根据不同的配置模式，采用不同的编程方式。FPGA 有以下几种配置模式。

（1）并行模式：并行 PROM、Flash 配置 FPGA。

（2）主从模式：一片 PROM 配置多片 FPGA。

（3）串行模式：串行 PROM 配置 FPGA。

（4）外设模式：将 FPGA 作为微处理器的外设，由微处理器对其编程。

目前，FPGA 市场占有率最大的两家公司 Xilinx 和 Altera 生产的 FPGA 都是基于 SRAM 工艺的，使用时需要外接一个片外存储器以保存程序。上电时，FPGA 将外部存储器中的数据读入片内 RAM，完成配置后，进入工作状态；掉电后，FPGA 恢复为白片，内部逻辑消失。这样，FPGA 不仅能反复使用，还不需要专门的 FPGA 编程器，只需要通用的 EPROM、PROM 编程器即可。Xilinx、Altera 公司还提供采用反熔丝技术的 FPGA，只能下载一次，具有抗辐射、耐高/低温、低功耗和速度快等优点，在军品和航空航天领域中应用较多，但这种 FPGA 不能重复擦写，开发初期比较麻烦，价格也比较贵。

FPGA 的应用场景很多。①通信领域，从开始到现在，FPGA 应用最广的领域就是通信领域，一方面通信领域需要高速的通信协议处理方式，另一方面通信协议随时在修改，不适合做成专门的芯片。因此能够灵活改变功能的 FPGA 就成为首选，到目前为止，FPGA 一半以上的应用集中在通信领域。②数字信号处理领域，FPGA 可用于信号处理，包括图像处理、雷达信号处理、医学信号处理等，优势是实时性好。③嵌入式领域，随着生产和消费领域对嵌入式系统高可靠性、小体积、低功耗要求的不断提高，FPGA 应用于嵌入式系统设计越来越必要；同时，随着现代计算机技术的高速发展，专业的软硬件协同设计工具日渐成熟易用，为 FPGA 在嵌入式系统设计中的应用提供了技术上的支持。④安防监控领域，安防监控领域的视频编码、解码等协议在前端数据采集和逻辑控制的过程中可以利用 FPGA 处理。⑤工业自动化领域，FPGA 可以做到多通道的电动机控制，目前电动机电力消耗是全球能源消耗的大头，在节能环保的趋势下，未来各类精准控制电动机仅需一个 FPGA 芯片就可以实现对大量电动机的控制。

　　FPGA 设计不是简单的芯片研究，而是利用 FPGA 的模式对其他行业的产品进行设计。随着信息产业和微电子技术的发展，FPGA 技术已经成为信息产业最热门的技术之一，应用范围遍及航空航天、汽车、医疗、广播、测试测量、消费电子、工业控制等热门领域，并随着工艺的进步和技术的发展，从各个角度开始渗透到生活当中。

1.1.2　FPGA 的基本结构

　　FPGA 主要由 6 部分组成：可编程输入/输出单元、基本可编程逻辑单元、完整的时钟管理模块、嵌入式块 RAM、丰富的布线资源和底层嵌入式功能单元。

1. 可编程输入/输出单元（IOB）

　　可编程输入/输出单元简称 I/O 单元，是芯片与外界电路的接口部分，目前大多数 FPGA 的 I/O 单元被设计为可编程模式，即通过软件的灵活配置，适应不同的电器标准与 I/O 物理特性。

2. 基本可编程逻辑单元（CLB）

　　FPGA 的基本可编程逻辑单元是由查找表（LUT）和寄存器（Register）组成的，查找表完成纯组合逻辑功能。FPGA 可编程的特性决定了只能采用一种可以重复配置的结构来实现数字逻辑，而查找表可以很好地满足这一要求，目前主流的 FPGA 芯片便是基于 SRAM 工艺的查找表结构。

　　查找表本质上就是一个 RAM。目前 FPGA 内部多使用 4 输入的 LUT，每个 LUT 可以看成一个有 4 位地址线的 RAM。当用户通过原理图或硬件描述语言设计一个逻辑电路时，FPGA 开发软件会自动计算逻辑电路的所有可能结果，并把真值表（结果）事先写入 RAM 中。这样，每输入一个信号进行逻辑运算就等于输入一个地址进行查找表操作，通过地址找到对应的 RAM 中的结果，然后将其输出。

　　寄存器用于完成同步时序逻辑功能，FPGA 内部寄存器可配置为带同步/异步复位、置位及时钟使能的触发器，也可以配置为锁存器等。通常基本可编程逻辑单元的配置是一个寄存器加一个查找表，查找表和寄存器的组合方式不同，是区分各个 FPGA 家族的重要依据，并且查找表本身的结构也可能各不相同。

3. 完整的时钟管理模块

　　FPGA 器件的时钟信号源通常来自外部，如使用晶体振荡器（简称晶振）产生时钟信号。一些规模较大的 FPGA 器件内部会有可以对时钟信号进行倍频或分频的专用时钟管理模块，如锁相环（Phase Locked Loop，PLL）或延迟锁相环（Delay Locked Loop，DLL）。在实际应用中，FPGA 器件内部使用的时钟信号往往不只提供给单个寄存器使用，成百上千甚至更多的寄存器很可能共用一个时钟源，那么从时钟源到不同寄存器间的时延也可能存在较大偏差（通常称为时钟网络时延）。为此，FPGA 器件内部设计了一些称为"全局时钟网络"的走线池。通过这种专用时钟网络走线，同一时钟到达不同寄存器的时间差可以被控制在很小的范围内。

4．嵌入式块 RAM

大多数 FPGA 都具有嵌入式块 RAM，这大大拓展了 FPGA 的应用范围、提高了灵活性。嵌入式块 RAM 可被配置为单端口 RAM、双端口 RAM、内容地址存储器（CAM）及 FIFO 等常用存储结构。在实际应用中，芯片嵌入式块 RAM 的数量也是选择芯片的一个重要因素。

5．丰富的布线资源

布线资源连通 FPGA 内部的所有单元，而连线的长度和工艺决定信号在连线上的驱动能力和传输速度。FPGA 芯片内部有着丰富的布线资源，根据工艺、长度、宽度和分布位置的不同，布线资源可以划分为 4 类：全局资源、长线资源、短线资源及分布式资源。

在实际中不需要直接选择布线资源，布局布线器可自动根据输入逻辑网表的拓扑结构和约束条件选择布线资源，以连通各个模块单元。

6．底层嵌入式功能单元

底层嵌入式功能单元是指通用程度较高的嵌入式功能模块。例如，能够实现时钟倍频和分频、调整占空比和移相的 PLL、DLL、DSP（Digital Signal Processing，数字信号处理）、乘法器和 CPU 等。另外，部分 FPGA 还具有一些比底层嵌入式功能单元处理能力更强大的功能模块，这些模块被称为内嵌专用硬核，其性能等效于 ASIC。

1.1.3　FPGA 与 ASIC 之间的关系

FPGA 是一个可以通过编程来改变内部结构的芯片。ASIC 是针对某一项功能的专用集成电路芯片，通常是厂商在确定市场需求量比较大的情况下，为了降低成本而把比较成熟的功能集中在一个芯片中，执行已经确定的一些应用，优点是便宜、专用。若把 FPGA 看作可以搭建出各种模型的乐高积木，那么 ASIC 就是现成的玩具模型，如小汽车、城堡、轮船等，这些都是玩具厂商做好的，买了小汽车后，若想要轮船，就只能再买了。若把 FPGA 看作可以捏成各种形状的橡皮泥，那么 ASIC 就是一件成型的雕塑品，要雕成一个成品，往往要浪费很多半成品和原料，ASIC 的制造也这样。

因为 ASIC 只是针对某一项功能做的专用芯片，所以如果要完成其他功能就还得另做一个专用 ASIC，但是 ASIC 设计流程复杂、生产良率低、设计周期长、研发制造费用高，需要非常高的时间成本和人力成本。FPGA 可以解决上述问题，FPGA 内部有丰富的触发器和 I/O 引脚，可以采用 FPGA 设计全定制或半定制 ASIC 的中试样片，FPGA 是 ASIC 电路中设计周期最短、开发费用最低、风险最小的器件之一。

1.1.4　FPGA、CPU 与 DSP 之间的关系

应用不同，所采用的解决方案也会不同，在大规模数字芯片中比较典型的技术主要有 FPGA、CPU、DSP 等。

在计算机体系结构中，CPU（中央处理器）是对计算机的所有硬件资源（存储器、输入/输出单元等）进行控制调配、执行通用运算的核心硬件单元。CPU 是计算机的运算和控制核

心。计算机系统中所有软件层的操作，最终都将通过指令集映射为 CPU 的操作。CPU 是具有冯·诺依曼结构的固定电路，这种结构擅长做指令调度，因此它可以运行软件，即软件可编程。而 FPGA 逻辑电路的结构是可变的，是可以随时定义的，它可以通过硬件描述语言实现任何电路，当然也可以变成一个 CPU。因为逻辑电路结构不同，所以运行方式也不同：CPU 是串行地执行一系列指令，而 FPGA 可以实现并行操作，就像在一个芯片中嵌入多个 CPU 一样，其性能会是单个 CPU 的十倍、百倍。通常 CPU 可以实现的功能，都可以用硬件的方法由 FPGA 来实现。

当然，FPGA 并不是要替代 CPU。大部分的重要任务都由 CPU 处理，FPGA 则可以处理很多重复、简单的工作。即当要实现极其复杂的算法时，单纯用硬件实现会比较困难，资源消耗也很大，但可以对一个复杂系统进行合理划分，由 CPU 和 FPGA 合作完成会非常高效地实现系统功能。

DSP（Digital Signal Processor，数字信号处理器）是一种独特的微处理器，是以数字信号来处理大量信息的器件。其工作原理是接收模拟信号，将其转换为数字信号（0 或 1），再对数字信号进行修改、删除、强化，并在其他系统芯片中把数字数据转换为模拟数据或实际环境格式。它不仅具有可编程性，还具有高实时运行速度，每秒可处理千万条复杂指令，远远超过通用微处理器，强大的数据处理能力和高运行速度是它的两大特点。DSP 芯片的内部采用程序和数据分开的哈佛结构，具有专门的硬件乘法器，广泛采用流水线操作，提供特殊的DSP 指令，可以用来快速地实现各种数字信号处理算法。DSP 的优点是灵活、由软件控制的可编程、支持大规模的乘/除法运算；缺点与 CPU 一样，运行方式为串行处理，无论做多少事情，都要排队完成。与 CPU 一样，DSP 也可以用 FPGA 来构建乘法单元、除法单元，然后做出几个 DSP，而且这些 DSP 可以并行工作，与此同时还可以利用 FPGA 内部未用的资源做其他辅助功能。FPGA 和 DSP 也各有优势和不足，对于复杂的系统，可以采取 FPGA 和 DSP 分工合作的方式来完成，通常 DSP 用于处理运算密集型指令，FPGA 用于处理控制密集型指令，可以用 DSP 实现算法，用 FPGA 做外围控制电路。

CPU 支持操作系统管理，处理能力更强；FPGA 是可编程逻辑器件，侧重时序，可构建从小型到大型的几乎所有数字电路系统；DSP 主要完成复杂的数字信号处理。一个复杂系统可以由 CPU、FPGA 和 DSP 中的一种或几种构成，相辅相成。

1.1.5　VHDL 与 Verilog HDL

HDL（Hardware Description Language，硬件描述语言）是一种用形式化方法来描述数字电路和系统的语言。硬件描述语言应用于设计的各个阶段：建模、仿真、验证、综合等。在20 世纪 80 年代，已出现了上百种硬件描述语言，对设计自动化起到了极大的促进和推动作用。但是这些语言一般各自面向特定的设计领域和层次，而且众多的语言使用户无所适从。因此，急需一种面向设计的多领域、多层次并得到普遍认同的标准硬件描述语言。20 世纪 80年代后期，VHDL 和 Verilog HDL 适应了这种趋势的要求，先后成为 IEEE 标准。VHDL 最初是由美国国防部开发出来的，美军用它来提高设计的可靠性和缩减开发周期，VHDL 当时还是一种使用范围较小的设计语言。在 1987 年年底，VHDL 被 IEEE 和美国国防部确认为标准硬件描述语言。Verilog HDL 由 Gateway Design Automation 公司（该公司于 1989 年被 Cadence公司收购）开发，在 1995 年成为 IEEE 标准。

VHDL 和 Verilog HDL 作为描述硬件电路设计的语言，共同特点在于能形式化地抽象表示电路的行为和结构；支持逻辑设计中层次与范围的描述；可借用高级语言的精巧结构来简化电路行为的描述；具有电路仿真与验证机制，以保证设计的正确性；支持电路描述由高层到低层的综合转换；独立于器件的设计，与工艺无关；便于文档管理；易于共享和复用。

但是，VHDL 和 Verilog HDL 又有各自的特点。与 Verilog HDL 相比，VHDL 的语法更严谨，可通过 EDA 工具进行自动语法检查，易于排除许多设计中由于疏忽产生的问题。VHDL 有很好的行为级描述能力和一定的系统级描述能力，Verilog HDL 在建模时，行为与系统级抽象及相关描述能力不及 VHDL。不过 VHDL 代码比较冗长，在进行相同的逻辑功能描述时，Verilog HDL 的代码量比 VHDL 少很多。由于 VHDL 对数据类型匹配要求过于严格，初学时会感到不太方便，编程所需时间也比较长，而 Verilog HDL 支持自动类型转换，初学者容易入门。Verilog HDL 的最大特点是易学易用，如果初学者有 C 语言的编程经验，那么可以很快地学习和掌握 Verilog HDL，相比之下，对 VHDL 的学习要困难些。VHDL 对版图级、管子级这些底层的描述几乎不支持，无法直接用于集成电路底层建模。

无论如何，语言只是 FPGA 开发的一个工具或手段，如果在精通一门语言的同时，还可以熟练使用另一门语言，则可以更好地使语言服务于开发设计工作。

1.1.6　Xilinx 与 Altera

现今知名的 FPGA 厂商主要有 Xilinx、Altera 及 Lattice，Xilinx 和 Altera 的产品占据了 90% 的市场份额，其中 Xilinx 的产品更是占据了超过 50% 的市场份额。在欧洲，Xilinx 的产品深入人心；在亚太地区，Altera 的产品则得到了大部分工程技术人员的喜爱；在美国，Xilinx 和 Altera 的产品平分秋色，不分上下。

Xilinx 公司成立于 1984 年，总部在美国加利福尼亚州圣何塞市。Xilinx 首创了具有创新性的现场可编程逻辑阵列技术，并于 1985 年首次推出商业化产品。ISE 是 Xilinx FPGA 和 CPLD 产品集成开发的工具，简便易用的内置式工具和向导使 I/O 分配、功耗分析、时序驱动和 HDL 仿真变得快速而直观。另外，从 2013 年 10 月起，ISE 系列开发软件不再更新，而是替换为 Vivado 系列的开发软件。Vivado 设计套件是 Xilinx 面向未来 10 年的 "All-Programmable" 器件打造的开发工具，Vivado 设计套件包括高度集成的设计环境和新一代从系统到 IC 的开发工具，这些工具均建立在共享的可扩展数据模型和通用调试环境的基础上。Xilinx 有两大系列 FPGA 产品：Spartan 系列和 Virtex 系列。这两类产品的差异仅限于芯片的规模和专用模块的差别，它们都采用了先进的 0.13μm、90nm 甚至 65nm 制造工艺，都具有卓越的品质。Spartan 系列主要面向低成本的中低端应用，是目前业界成本最低的一类 FPGA 之一，目前最新器件为 Spartan-7，为 28nm 工艺，Spartan-6，为 45nm 工艺，该系列器件价格实惠，逻辑规模相对较小。Virtex 系列主要面向高端应用，属于业界的顶级产品。

Altera 公司于 1983 年成立，总部在美国加利福尼亚州，2015 年被 Intel 以 167 亿美元收购。Quartus Ⅱ 软件和 MAX+PLUS Ⅱ 软件是具有编译、仿真和编程功能的 Altera 工具，MAX+PLUS Ⅱ 和 Quartus Ⅱ 提供了一种与结构无关的设计环境，设计人员不需要精通器件的内部结构，只需要运用自己熟悉的输入工具，如原理图输入或高级行为描述语言进行设计，就可以通过 MAX+PLUS Ⅱ 和 Quartus Ⅱ 把这些设计转换为最终结构所需的格式。有关结构的详细知识已装入开发工具软件，设计人员不需要手动优化自己的设计，因此设计速度非常快。Altera 的主流 FPGA 分为两类：一类侧重于低成本应用，容量中等，性能可以满足一般的逻辑设计要求，如 Cyclone，Cyclone Ⅱ；另一类侧重于高性能应用，容量大，性能可以满足各类高端应用，如 Startix，Stratix Ⅱ等。

1.2　FPGA 开发流程

图 1-1　FPGA 开发流程

FPGA 开发流程如图 1-1 所示。首先进行系统功能设计；其次通过 VHDL/Verilog HDL 硬件描述语言进行 RTL 级 HDL 设计；再次进行 RTL 级仿真、综合、门级仿真、布局布线和时序仿真等；最后生成下载配置文件，下载到 FPGA 中进行板级调试。

（1）系统功能设计。在系统功能设计之前，首先要进行方案论证、系统设计和 FPGA 芯片选型等准备工作。通常采用自顶向下的设计方法，把系统分成若干基本模块，再把每个基本模块细分。

（2）RTL 级 HDL 设计。RTL 级 HDL 设计是指不关注寄存器和组合逻辑的细节（使用了多少个逻辑门、逻辑门的连接拓扑结构等），描述数据在寄存器之间的流动及处理、控制这些数据流动模型的 HDL 设计方法。RTL 级比门级 HDL 设计更抽象，同时也更简单高效。RTL 级 HDL 设计的最大特点是可以直接用综合工具将其综合为门级网表，并且直接决定系统的功能和效率。

（3）RTL 级仿真。RTL 级仿真也称为功能（行为）仿真，或者综合前仿真，是在编译之前对用户所设计的电路进行的逻辑功能验证，此时的仿真没有延迟信息，仅对初步功能进行检测。仿真前，要先利用波形编辑器和 HDL 等建立波形文件和测试向量（将所关心的输入信号组合成序列），仿真结果将会生成报告文件和输出信号波形，从中可观察各个节点信号的变化。虽然仿真不是必要步骤，却是系统设计中最关键的一步。为了提高功能仿真的效率，需要建立测试平台，其中测试激励通常使用行为级 HDL 语言描述。

（4）综合。综合就是将较高级抽象层次的描述转化成较低级抽象层次的描述。综合根据目标与要求优化所生成的逻辑连接，使层次设计平面化，供 FPGA 布局布线软件进行实现。从目前的层次来看，综合是指将设计输入编译成由与门、或门、非门、RAM、触发器等基本逻辑单元组成的逻辑网表，而并非真实的门级电路。真实具体的门级电路需要利用 FPGA 制造商的布局布线功能，根据综合后生成的标准门级结构网表来产生。

（5）门级仿真。门级仿真也称为综合后仿真，综合后仿真检查综合结果是否和原设计一致。在仿真时，把综合生成的标准延迟文件反标注到综合仿真模型中去，可估计门延迟带来的影响。但该步骤不能估计线延迟，因此和布线后的实际情况相比还有一定的差距，并不十分准确。目前的综合工具较为成熟，对于一般的设计可以省略这步，但如果在布局布线后发现电路结构和设计意图不符，则需要回溯综合后仿真来确认问题所在。

（6）布局布线。将综合生成的逻辑网表配置到具体的 FPGA 芯片上，将工程的逻辑和时序与器件的可用资源匹配。布局布线是最重要的过程，布局将逻辑网表中的硬件原语和底层单元合理地配置到芯片内部的固有硬件结构上，并且往往需要在速度最优和面积最优之间进行选择；布线根据布局的拓扑结构，利用芯片内部的各种连线资源，合理正确地连接各个元件。也可以简单地将布局布线理解为对 FPGA 内部查找表和寄存器资源的合理配置，布局可以被理解为挑选可实现设计网表的最优资源组合，布线就是将这些查找表和寄存器资源以最优的方式连接起来。FPGA 的结构非常复杂，特别是在有时序约束条件时，需要利用时序驱动的引擎进行布局布线。布线结束后，软件工具会自动生成报告，提供有关设计中各部分资源的使用情况。由于只有 FPGA 芯片生产商对芯片结构最了解，所以布局布线必须选择芯片生产商提供的工具。

（7）时序仿真。时序仿真是指将布局布线的延迟信息反标注到设计网表中来检测有无时序违规（不满足时序约束条件或器件固有的时序规则，如建立时间、保持时间等）现象。时序仿真包含的延迟信息最全，也最精确，能较好地反映芯片的实际工作情况。由于不同芯片的内部延迟不同，不同的布局布线方案也给延迟带来不同的影响，因此在布局布线后，对系统和各个模块进行时序仿真、分析时序关系、估计系统性能，以及检查和消除竞争冒险是非常有必要的。

（8）FPGA 板级调试。调试时，通过编程器将布局布线后的配置文件下载到 FPGA 中，对 FPGA 硬件进行编程。

1.3　XC6SLX16 芯片介绍

1.3.1　Spartan-6 FPGA 介绍

Spartan-6 FPGA 为 Xilinx 的低成本、低功耗 FPGA。Spartan-6 FPGA 拥有 13 个成员，提供了从 3840 到 147443 个逻辑单元的扩展密度，其功耗仅为以前 Spartan 系列产品的一半，并且连接速度更快，功能更全面。Spartan-6 FPGA 以成熟的 45nm 低功耗铜工艺技术为基础，可在成本、功率和性能之间实现最佳平衡，并提供了新型和更高效的双寄存器 6 输入查找表（LUT）逻辑和丰富的内置系统级模块选择。其包括 18kbit（2×9kbit）的块 RAM、第二代 DSP48A1 Slice、SDRAM 控制器、增强的混合模式时钟管理模块、SelectIO 技术模块、功耗优化的高速串行收发器模块、PCIExpress 兼容的端点模块、高级系统级电源管理模式、自动检测配置选项及具有 AES 和设备 DNA 保护的增强 IP 安全性模块。这些为定制 ASIC 产品提供了低成本的可编程替代方案，具有前所未有的易用性。Spartan-6 FPGA 为大批量逻辑设计、面向消费者的 DSP 设计及对成本敏感的嵌入式应用提供了最佳解决方案。Spartan-6 FPGA 是目标设计平台的可编程芯片基础，可提供集成的软件和硬件组件，使设计人员能够在开发周期开始时就立即专注于创新。

1.3.2　XC6SLX16-2CSG324C 芯片介绍

FPGA 高级开发系统上使用的芯片为 Spartan-6 系列的 XC6SLX16-2CSG324C，相关属性如表 1-1 所示。

表 1-1　XC6SLX16-2CSG324C 相关属性

属　　性	参　数　值
封装类型	CSG
引脚数量	324 个
电源电压	1.14~1.26V
速度等级	−2

续表

属　　性	参　数　值
I/O 数量	232 个
逻辑单元数量	14579 个
分布式 RAM 容量	136KB
内嵌式块 RAM-EBR 容量	576KB
最大工作频率	1080MHz
工作温度	−40～100℃

1.3.3　FPGA 速度等级

FPGA 的速度等级取决于芯片内部的门延迟和线延迟，速度等级越高，芯片性能越好。Altera FPGA 的−6、−7、−8 速度等级逆向排序，序号越低，速度等级越高，−6 速度等级是最高的。而 Xilinx FPGA 的速度等级排序正好相反，序号越高，速度等级越高。

1.3.4　FPGA 可用 I/O 数量

XC6SLX16-2CSG324C 芯片引脚总数为 324 个，其中可用 I/O 数量为 232 个。FPGA 高级开发系统上的核心板通过两个 3710F 连接器将 148 个可用 I/O 引出供给平台上的外部设备使用，剩下的 I/O 用于核心板上的外扩 SDRAM、Flash、摄像头、JTAG 下载等。

1.3.5　FPGA 逻辑单元

逻辑单元在 FPGA 器件内部，是实现用户逻辑的最小单元。逻辑单元在 Altera 产品中被称为 LE（Logic Element），在 Xilinx 产品中称为 LC（Logic Cell）。1 个逻辑阵列包含 16 个逻辑单元和一些其他资源，在 1 个逻辑阵列内部，16 个逻辑单元有着更为紧密的联系，可以实现特有的功能。1 个逻辑单元主要由 4 个部件组成：1 个 4 输入查找表、1 个可编程的寄存器、1 条进位链和 1 条寄存器级连接链。XC6SLX16-2CSG324C 芯片内部的逻辑单元数量为 14579 个。

1.3.6　Spartan-6 FPGA 配置

Spartan-6 FPGA 将配置数据（程序）储存在片内 SRAM 型的内部锁存器中，配置区域存储容量为 3～33MB，具体取决于设备大小和用户设计实现选项。SRAM 具有易失性，因此在FPGA 上电时必须重新载入配置数据，可以通过将 PROGRAM_B 引脚拉至低电平，也可以随时重新加载。

Spartan-6 FPGA 能从外部非易失性存储设备加载配置数据，当然也可以由智能设备加载配置数据到 FPGA 配置区域中，如微处理器、DSP 处理器、微控制器、PC 等，甚至还可以从互联网中远程载入配置数据。

Spartan-6 FPGA 有两个通用配置数据路径：第一个路径适用于最小设备引脚要求，如 SPI协议，占用 I/O 数量少，但速度较慢；第二个路径是 8 位或 16 位数据路径，适用于更高性能的工业设备，如控制器、8 位或 16 位并行接口的 Flash 存储设备。

Spartan-6 FPGA 可以通过 5 种配置模式加载数据，具体使用哪种模式由引脚 M[1:0]确定，如表 1-2 所示，总线位宽由 ISE 集成开发环境配置，具体可以参考本书配套资料包中的"09.

硬件资料\Spartan-6_FPGA_Configuration_User_Guide.pdf"文件。

表 1-2　Spartan-6 FPGA 配置模式

配 置 模 式	M[1:0]	总 线 位 宽
主串行或 SPI 模式	01	1，2，4
主 SelectMAP/BPI 模式	00	8，16
JTAG 模式	xx	1
从 SelectMAP 模式	10	8，16
从串行配置模式	11	1

1.4　FPGA 开发工具的安装和配置

本书所有的示例程序均基于 ISE 14.7，建议读者选择相同版本的开发环境来学习。

1.4.1　ISE

集成软件环境（Intergrated Software Environment，ISE）是 Xilinx FPGA/CPLD 的综合性集成设计平台，该平台集成了设计输入、仿真、逻辑综合、布局布线与实现、时序分析、芯片下载与配置、功率分析等几乎所有设计流程所需的工具。

ISE 的主要特点如下。

（1）ISE 是一个集成开发环境，利用它可以实现 FPGA/CPLD 的整个开发过程。ISE 集成了诸多开发工具，资源丰富，操作灵活，能满足用户的各类开发需要。

（2）ISE 操作界面简洁直观，操作方便。ISE 的界面根据 FPGA/CPLD 的设计流程进行组织，通过一次执行界面中的设计流程选项就可以实现整个设计过程。

（3）ISE 拥有在线帮助选项，结合网络技术支持，用户在一般的设计过程中遇到的问题都能快速解决。

（4）ISE 拥有强大的辅助设计功能。在设计的每个阶段，ISE 都能通过相关的辅助设计帮助用户实现设计。在编写源代码时，可用编写向导生成文件头和模块框架，然后使用语言模板帮助用户编写代码。ISE 的 CORE Generator 可以生成各类 IP 核供用户使用，从而大大减少了工作量，提高了设计的质量和效率。

1.4.2　安装 ISE 14.7

双击运行本书配套资料包"02.相关软件\Xilinx_ISE_DS_14.7\Xilinx_ISE_DS_Win_14.7_1015_1"目录下的"xsetup.exe"文件，在如图 1-2 所示的欢迎界面中单击"Next"按钮。

如图 1-3 所示，勾选"I accept and agree to the terms and conditions above"和"I also accept and agree to the following terms and conditions"复选框，然后单击"Next"按钮。

如图 1-4 所示，勾选"I accept and agree to the terms and conditions above"复选框，然后单击"Next"按钮。

如图 1-5 所示，单击选中"ISE Design Suite System Edition"单选按钮，然后单击"Next"按钮。

图 1-2　ISE 14.7 安装步骤 1　　　　　　　　图 1-3　ISE 14.7 安装步骤 2

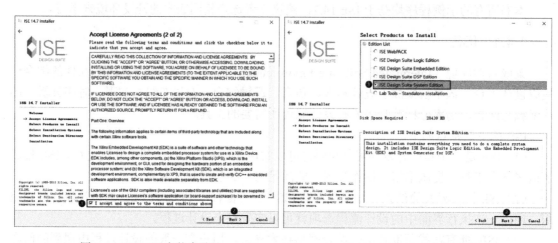

图 1-4　ISE 14.7 安装步骤 3　　　　　　　　图 1-5　ISE 14.7 安装步骤 4

如图 1-6 所示，继续单击"Next"按钮。

如图 1-7 所示，选择安装路径，本书选择安装在"C:\Xilinx"中，然后单击"Next"按钮。

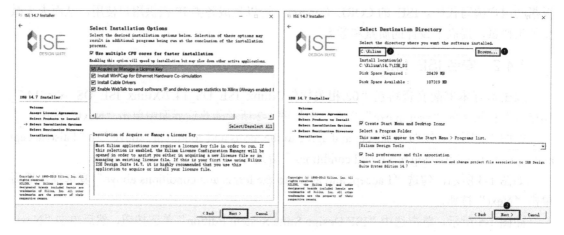

图 1-6　ISE 14.7 安装步骤 5　　　　　　　　图 1-7　ISE 14.7 安装步骤 6

如图 1-8 所示，单击"Install"按钮进入软件安装界面，安装时间较长，需要耐心等待。在安装过程中会弹出如图 1-9 所示的界面，逐步单击"Next"按钮即可。

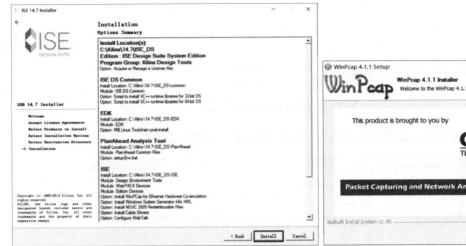

图 1-8　ISE 14.7 安装步骤 7　　　　　　　　　图 1-9　ISE 14.7 安装步骤 8

直到出现如图 1-10 所示的界面，单击"I Agree"按钮。

如图 1-11 所示，单击"Install"按钮开始安装。

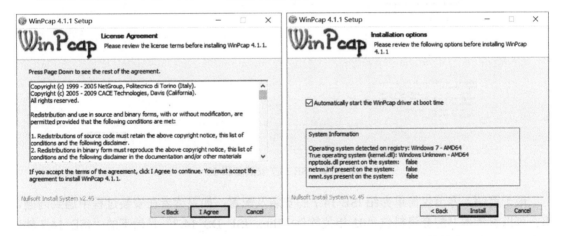

图 1-10　ISE 14.7 安装步骤 9　　　　　　　　　图 1-11　ISE 14.7 安装步骤 10

如图 1-12 所示，在安装过程中不要连接任何下载器，然后单击"确定"按钮。

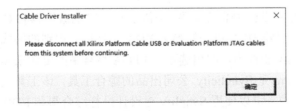

图 1-12　ISE 14.7 安装步骤 11

如图 1-13 所示，单击"OK"按钮。

图 1-13　ISE 14.7 安装步骤 12

ISE 14.7 安装成功，如图 1-14 所示，单击"Finish"按钮完成安装。

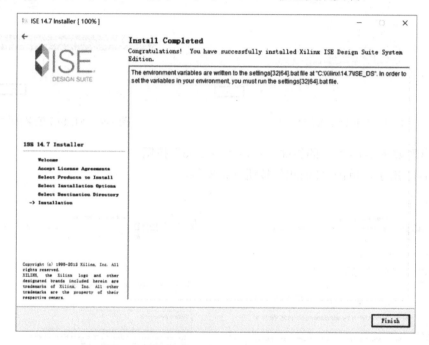

图 1-14　ISE 14.7 安装步骤 13

　　限于篇幅，本节仅简单介绍 ISE 14.7 的安装及配置，如果读者在安装过程中遇到问题，那么可以参考本书配套资料包"02.相关软件\Xilinx_ISE_DS_14.7"目录下的"ISE 14.7 软件的安装和配置教程"文件。

1.4.3　Synplify

　　综合工具在 FPGA 的设计中非常重要，类似于 C 语言的编译器将 C 语言语句翻译成机器能执行的代码，综合工具将 HDL 语句转换为 EDA 工具可以识别的格式，综合工具还可以将设计映射到具体的 FPGA 器件中，即用选定的 FPGA 型号中的资源来实现设计。

　　Synplify/Synplifiy Pro 是 Synplicity 公司出品的综合工具，该工具支持大多数半导体厂商的 FPGA。在实际应用中，可以使用 Synplify 对设计进行综合得到 EDIF 网表文件，再在 ISE 中引入网表文件进行布局布线就可以实现设计。Synplify 和 Synplify Pro 是两个不同的版本，后者的功能更强大，这体现在很多功能只能在 Synplify Pro 中使用，Synplify 的功能是 Synplify Pro 中的一部分。

1.4.4 安装 Synplify

双击运行本书配套资料包 "02.相关软件\Synplify201103" 目录下的 "fpga201103sp2.exe" 文件,在弹出的如图 1-15 所示的对话框中,单击 "Next" 按钮。

如图 1-16 所示,单击选中 "I accept the terms of the license agreement" 单选按钮,然后单击 "Next" 按钮。

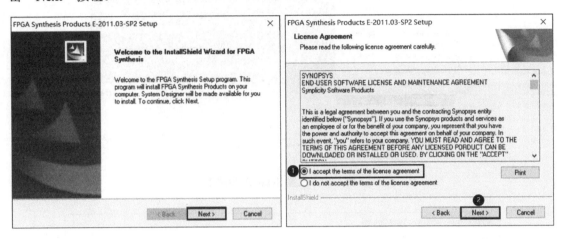

图 1-15　安装 Synplify 步骤 1　　　　　　　图 1-16　安装 Synplify 步骤 2

保持默认设置,逐步单击 "Next" 按钮,在 Synplify 的安装过程中会弹出如图 1-17 所示的对话框,单击 "是" 按钮。

Synplify 安装成功,如图 1-18 所示,单击 "Finish" 按钮结束。

图 1-17　安装 Synplify 步骤 3　　　　　　　图 1-18　安装 Synplify 步骤 4

安装成功后,需要在 ISE 中添加 Synplify,打开 ISE Design Suite 14.7 软件,执行菜单命令 "Edit" → "Preferences",配置步骤如图 1-19 所示。

在弹出的 "Preferences" 对话框中,在 ISE General→Integrated Tools 标签页的 "Synplify" 文本框中输入 synplify.exe 的路径,在 "Synplify Pro" 文本框中输入 synplify_premier.exe 的路径,然后单击 "Apply" 按钮,配置步骤如图 1-20 所示。

图 1-19　配置 Synplify 步骤 1

图 1-20　配置 Synplify 步骤 2

　　限于篇幅，本节仅简单介绍 Synplify 的安装及配置，如果读者在安装过程中遇到问题，那么可以参考本书配套资料包"02.相关软件\Synplify201103"目录下的"Synplify 软件的安装和配置教程"文件。

1.4.5　安装 Xilinx USB Cable 驱动程序

　　Xilinx USB Cable 是 FPGA 下载器中的一种，用于将本书的实验代码下载到 FPGA 高级开发系统中，在使用下载器之前，要先安装驱动程序。如图 1-21 所示，在 ISE 的安装目录"C:\Xilinx\14.7\ISE_DS\ISE\bin\nt64"中找到"install_drivers.exe"文件，如果是 32 位的计算机则找到安装目录"C:\Xilinx\14.7\ISE_DS\ISE\bin\nt32"中的"install_drivers.exe"文件。然后，以管理员身份运行 install_drivers.exe 文件。

图 1-21　安装 Xilinx USB Cable 驱动程序步骤 1

先确保计算机没有与 Xilinx USB Cable 相连，然后在如图 1-22 所示的对话框中单击"确定"按钮。

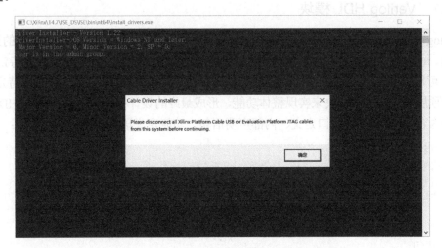

图 1-22　安装 Xilinx USB Cable 驱动程序步骤 2

如图 1-23 所示，安装程序开始运行，几秒后安装窗口会自动关闭。

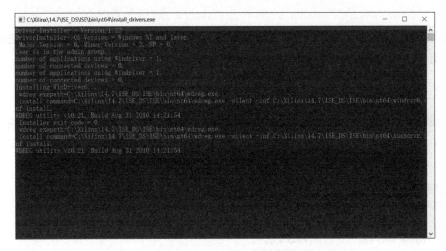

图 1-23　安装 Xilinx USB Cable 驱动程序步骤 3

将 Xilinx USB Cable 插入计算机的 USB 接口，可以看到指示灯亮起，这说明驱动程序安装成功；同时，在计算机的"设备管理器"列表中也能看到"Xilinx USB Cable"选项，如图 1-24 所示。这样就完成了该驱动程序的安装。

图 1-24　安装 Xilinx USB Cable 驱动程序步骤 4

1.5　Verilog HDL 语法基础

1.5.1　Verilog HDL 模块

Verilog HDL 是一门硬件描述语言，在编写程序时通常是通过模块（module）的形式来进行组织的，每个模块的内容都嵌在 module 和 endmodule 两个语句之间，用于实现特定的功能。模块之间可以通过层次嵌套，将大型的数字电路设计分割成不同的小模块来实现特定的功能，最后通过顶层模块调用子模块来实现整体功能，形成最终的设计模型。一个 Verilog HDL 模块包含 4 部分内容：I/O 说明、端口定义、内部声明语句、功能定义语句，语法结构如下：

```
module 模块名(
  input   信号类型 端口名,
  inout   信号类型 端口名,
  output  信号类型 端口名          //I/O 说明
);                              //端口定义

  内部声明语句;

  功能定义语句;

endmodule
```

内部声明语句用来说明和定义数据对象、数据类型等。内部声明语句并非是必需的，但功能定义语句必须在模块中给出相应的电路功能描述。

1.5.2　端口定义和 I/O 说明

每个模块都要进行端口定义，然后才能对模块的功能进行行为逻辑描述。I/O 说明用来对端口定义中的各个端口输入/输出方向，以及端口的位宽进行说明。I/O 说明和端口定义语法结构如下：

```
module 模块名(
  input   信号类型 端口名,
  inout   信号类型 端口名,
  output  信号类型 端口名          //I/O 说明
);                              //端口定义
```

例如，某实验有 3 个外部端口，分别为两个输入端口（clk_50mhz_i 和 rst_n_i）和一个 4 位的输出端口（led_o），信号类型为 wire，那么该模块的 I/O 说明和端口定义如下：

```
module led(
    input  wire       clk_50mhz_i,   //时钟输入，50MHz
```

```
    input  wire      rst_n_i,          //复位输入,低电平有效
    output wire [3:0] led_o             //led 输出,共 4 位
);
```

1.5.3　参数定义

1. 常量

在程序运行过程中,值不能被改变的量为常量。在 Verilog HDL 中,整型常量有 4 种进制表示形式:二进制数(b 或 B)、八进制数(o 或 O)、十进制数(d 或 D)、十六进制数(h 或 H)。它们的语法结构如下:

```
<符号><位宽>'<进制><数字>
```

其中符号为"+"时,符号项省略,位宽和进制是可选项。位宽是指该数据转换为二进制数时的数据长度。当省略位宽项时,表示采用默认位宽(由具体的计算机系统决定,至少 32位);当省略进制项时,表示采用默认的十进制表示方式。示例如下:

```
4'b1010          //位宽为 4 的二进制数 1010
4'o7             //位宽为 4 的八进制数 7
12'd99           //位宽为 12 的十进制数 99
8'h4F            //位宽为 8 的十六进制数 4F
-8'd5            //位宽为 8 的十进制数-5（5 的 8 位二进制补数）
```

为了提高程序的可读性,还可以用下画线来分隔位数较多的常数,用 x 和 z 来表示不定值和高阻值。示例如下:

```
26'd49_999_999    //位宽为 26 的十进制数 49999999
4'b11x0           //位宽为 4 的二进制数,从低位数起第 2 位为不定值
4'b101z           //位宽为 4 的二进制数,从低位数起第 1 位为高阻值
10'dz             //位宽为 10 的十进制数,其值为高阻值
8'h4x             //位宽为 8 的十六进制数,其低 4 位值为不定值
```

2. 字符串

在 Verilog HDL 中,字符串是由双引号包起来的字符队列,用一串 8 位二进制 ASCII 码的形式表示,每一个 8 位二进制 ASCII 码代表一个字符。例如,字符串"ab"等价于 16'h5758。如果字符串被用作 Verilog HDL 表达式或复制语句的操作数,则字符串被看作无符号整数序列。字符串不能多行书写,即字符串中不能包含回车符。

另外,反斜杠"\"用于对确定的特殊字符转义,该转义符不占位置。例如,当需要表示\和"时,就需要在该字符前加一个转义符\。示例如下:

```
reg [0 : 13*8-1] s_array;           //定义一个 13×8bit 长度的存储单元
assign s_array = "\"Hello World!\"";  //存储字符串的内容为"Hello World!",\不占存储单元位置
```

3. 参数

在 Verilog HDL 中,常量是通过参数(parameter)来定义的,即用 parameter 定义一个标识符来代表一个常量,称为符号常量,采用参数定义可以提高程序的可读性和可维护性,语法结构如下:

```
parameter 参数名 = 表达式;
```

其中,表达式中只能包含已经定义的参数或常量数字。例如,某实验中定义了常量

LED0_ON 等于二进制数 0001。

```
parameter LED0_ON = 4'b0001;    //LED0 点亮
```

1.5.4　信号定义

信号是程序运行过程中的变量，在 Verilog HDL 中，数据类型有很多种，这里只介绍最常用的 wire 型和 reg 型。

1. wire 型

wire 型数据常用来表示以 assign 关键字指定的组合逻辑信号。当 Verilog HDL 程序模块中输入/输出信号类型默认时会自动定义为 wire 型。wire 型数据可以用作任何方程式的输入，也可以用作 assign 语句或实例元件的输出。wire 型数据定义格式如下：

```
wire              信号名;          //定义一个 1 位的 wire 型数据
wire [width-1:0] 信号名;          //定义一个位宽为 width 的 wire 型数据
```

例如，定义 wire 型的 1Hz 时钟信号和位宽为 2 位的计数信号。

```
wire       s_clk_1hz;            //1Hz 时钟信号
wire [1:0] s_cnt;                //计数信号，2 位
```

2. reg 型

寄存器是数据存储单元的抽象，寄存器数据类型的关键字为 reg。通过赋值语句可以改变寄存器存储的值，其作用相当于改变触发器存储的值。

注意，reg 型数据常用来表示 always 块中的指定信号，常代表寄存器或触发器的输出。在 always 块中被赋值的每一个信号都必须定义成 reg 型。

reg 型数据的定义方式和 wire 型数据的定义方式相同，格式如下：

```
reg              信号名;          //定义一个 1 位的 reg 型数据
reg [width-1:0] 信号名;          //定义一个位宽为 width 的 reg 型数据
```

例如，定义 reg 型的 1Hz 时钟信号和位宽为 2 位的计数信号。

```
reg       s_clk_1hz;             //1Hz 时钟信号
reg [1:0] s_cnt;                 //计数信号，2 位
```

1.5.5　assign 语句

assign 语句相当于连线，通常用于将一个信号的值不间断地赋给另一个信号，就像把这两个信号连在一起一样，所以习惯性地将其当作连线用，如把一个模块的输出给另一个模块当输入。assign 语句的功能属于组合逻辑的范畴，应用范围可概括为 3 点：①持续赋值；②连线；③对 wire 型变量赋值，wire 是线网，相当于实际的连接线，如果要用 assign 语句直接连接，就用 wire 型变量。wire 型变量的值随时变化。assign 语句格式如下：

```
assign wire 型变量 = 表达式;
```

例如，将产生的时钟信号 s_clk 赋值给时钟输出 clk_o，赋值语句如下：

```
assign clk_o = s_clk;
```

1.5.6　initial 语句

一个模块中可以有很多个 initial 块，它们都是并行运行的。initial 语句只执行一次，主要用于测试文件里面的初始化语句，用来产生测试环境和设置信号记录。如果在某一条语句前面存在延迟#<delay>，那么这条 initial 语句的仿真会停顿下来，在经过指定时长的延迟之后再继续执行，延迟时长与 timecale 定义的时延单位有关。initial 语句格式如下：

```
initial
begin
  语句 1
  语句 2
  ...
  语句 n
end
```

initial 语句示例如下。

```
`timescale 1 ns/ 1 ps
...
initial
begin
a = 1'b1;
#10 b = 1'b0;   //延迟 10ns 后对 b 进行赋值
end
```

1.5.7　always 语句

Verilog HDL 的 always 语句几乎在所有的时序逻辑设计中都会被使用，这种语句可以一直重复执行，只有 reg 类型数据能够在这种语句中被赋值，reg 类型数据在被赋新值前保持原有值不变。一个模块可以包含多个 always 块，它们都是并行执行的。

"敏感事件列表"用于触发 always 语句的执行。"敏感事件列表"通常由一个或多个事件表达式构成，构成的表达式就是 always 语句启动的条件，每当有一个敏感事件成立时，便执行一次 always 语句内的行为语句。当存在多个事件表达式时，要用关键词 or 将多个触发条件结合起来，也可以用*代表所有输入信号，这样可以防止遗漏。always 语句格式如下：

```
always @(敏感事件列表)
begin
  代码部分（详细电路设计）
end
```

always 语句示例如下，其中敏感事件 s_cnt 为电平触发条件，只要 s_cnt 的电平值发生改变，就会执行一次 always 内的语句。

```
always @(s_cnt)
begin
  case(s_cnt)
    2'b00  : led_o = LED3_ON;
    2'b01  : led_o = LED2_ON;
    2'b10  : led_o = LED1_ON;
    2'b11  : led_o = LED0_ON;
```

```
    default: led_o = LED_OFF;
  endcase
end
```

1.5.8　if...else 语句

　　if...else 语句首先判断表达式 1 的条件是否得到满足，若满足则执行逻辑电路 1，否则判断表达式 2 的条件是否得到满足，若满足则执行逻辑电路 2，否则继续判断，以此类推，语句格式如下：

```
if(表达式 1)
begin
  逻辑电路 1
end
else if(表达式 2)
begin
  逻辑电路 2
end
...
else
begin
  逻辑电路 n
end
```

　　对 if...else 语句举例如下，当逻辑电路仅为一句话时，可以省略 begin 和 end 这两个关键字。此例是在时钟上升沿进行加 1 计数并在计数到最大值 CNT_MAX 后清零重新计数的逻辑电路。如果复位（rst_n_i==0）或计数到最大值（s_cnt>=CNT_MAX），那么计数变量 s_cnt 赋值为 00；否则在时钟上升沿（posedge s_clk_1hz），计数变量 s_cnt 加 1 计数。

```
always @(posedge s_clk_1hz or negedge rst_n_i)　 //敏感事件为 s_clk_1hz 的上升沿和 rst_n_i 的下降沿触发
begin
  if(rst_n_i == 0)
    s_cnt <= 2'b0;
  else if(s_cnt >= CNT_MAX)
    s_cnt <= 2'b0;
  else
    s_cnt <= s_cnt + 1'b1;
end
```

1.5.9　case 语句

　　case 语句根据表达式的取值来执行相应的逻辑电路，格式如下：

```
case(表达式)
表达式取值 1 :
  begin
    逻辑电路 1
  end
表达式取值 2 :
  begin
    逻辑电路 2
  end
```

```
...
default :
  begin
    逻辑电路 n
  end
endcase
```

对 case 语句举例如下，根据 s_cnt 的值，对 led_o 赋相应的值。其中当逻辑电路仅为一行语句时，可以省略 begin 和 end 关键字。

```
always @(s_cnt)
begin
  case(s_cnt)
    2'b00  : led_o = LED3_ON;
    2'b01  : led_o = LED2_ON;
    2'b10  : led_o = LED1_ON;
    2'b11  : led_o = LED0_ON;
    default: led_o = LED_OFF;
  endcase
end
```

1.5.10 运算符

1. 算术运算符

算术运算符用来执行算术运算操作，如表 1-3 所示。

表 1-3 算术运算符

算术运算符	描 述
+	加，A+B
−	减，A−B
*	乘，A*B
/	除，A/B，结果只取整数部分
%	求余，A%B

2. 关系运算符

关系运算符用来对两个操作数进行比较运算，关系运算符左、右两边操作数的数据类型必须相同。Verilog HDL 有 6 种常用的关系运算符，如表 1-4 所示。

表 1-4 关系运算符

关系运算符	描 述
==	等于，A==B
!=	不等于，A!=B
<	小于，A<B
>	大于，A>B
<=	小于或等于，A<=B
>=	大于或等于，A>=B

3. 赋值运算符

赋值运算符用来给参数和信号赋值，如表 1-5 所示。

表 1-5　赋值运算符

赋值运算符	描　　　　述
=	阻塞赋值，用于对参数赋值、赋初始值和在 assign 语句中赋值，常用于组合逻辑电路对信号进行赋值
<=	非阻塞赋值，常用于时序逻辑电路对信号进行赋值

下面举例说明赋值运算符的使用方法。

```
Parameter  CNT_MAX = 26'd49_999_999;

assign clk_o = s_clk;

always @(s_cnt)
begin
  case(s_cnt)
    2'b00  : led_o = LED3_ON;
    2'b01  : led_o = LED2_ON;
    2'b10  : led_o = LED1_ON;
    2'b11  : led_o = LED0_ON;
    default: led_o = LED_OFF;
  endcase;
end

always @(posedge clk_i)
begin
  if(s_cnt >= CNT_MAX)
    s_cnt <= 26'b0;
  else
    s_cnt <= s_cnt + 1'b1;
end
```

4. 位运算符

Veirlog HDL 作为一种硬件描述语言，是针对硬件电路而言的。电路中信号的与、或、非，在 Verilog HDL 中是响应操作数的位运算。Verilog HDL 提供了 5 种位运算符，如表 1-6 所示。其中，当两个长度不同的数据进行按位运算时，系统会自动将两者右端对齐，位数少的操作数会在相应的高位用 0 填满，以使两个操作数按位进行操作。

表 1-6　位运算符

位 运 算 符	描　　　　述
~	取反，~A
&	按位与，A&B
|	按位或，A|B
^	按位异或，A^B
^~	按位同或，A^~B

5. 逻辑运算符

逻辑运算符用来执行逻辑运算操作。操作数可以是 reg 型和 wire 型的数据。Verilog HDL 的逻辑运算符如表 1-7 所示。其中，"&&"和"||"是双目运算符（要求运算符两侧各有一个操作数），其优先级别低于关系运算符；而"!"的优先级别高于算术运算符。

表 1-7　逻辑运算符

逻辑运算符	描　　述
!	非，!A
&&	与，A&&B
||	或，A||B

下面举例说明逻辑运算符的优先级。

```
assign y1 = !a && b;    //a 取反后与 b 相与
assign y2 = !(a || b);  //将 a 和 b 相或的结果取反
```

6. 位拼接运算符

位拼接运算符"{}"用于位的拼接，使用这个运算符可以把两个或多个信号的某些位拼接起来进行运算操作。位拼接运算符的格式为{,,,}，下面举例说明：

```
reg [3:0] x = 4'b1100;
reg [3:0] y = 4'b0010;

assign z1 = {x,y};                                         // z1 = 8'b11000010
assign z2 = {1'b1, 1'b1, 1'b0, 1'b0, 1'b0, 1'b0', 1'b1, 1'b0};  // z2 = 8'b11000010
```

7. 条件运算符

条件运算符"?:"能够根据条件表达式的值来选择表达式，它的格式如下：

```
条件表达式 ? 表达式 1 : 表达式 2   //如果条件表达式成立，则取值为表达式 1，否则取值为表达式 2
```

下面举例说明：

```
assign z = (a > 0) ? x : y;   //如果 a>0，则 z = x，否则 z = y
```

8. 移位运算符

在 Verilog HDL 中有两种移位运算符，如表 1-8 所示，其中 A 表示要进行移位的操作数，n 代表要移几位，这两种移位运算都用 0 来填补移出的空位。

表 1-8　移位运算符

移位运算符	描　　述
<<	左移，A<<n
>>	右移，A>>n

1.6　FPGA 高级开发系统简介

本书以 FPGA 高级开发系统（型号为 LY-SPTN6M）为载体对 FPGA 系统设计进行介绍。FPGA 高级开发系统实物图如图 1-25 所示。

图 1-25　FPGA 高级开发系统实物图

FPGA 高级开发系统支持资源及说明如表 1-9 所示。

表 1-9　FPGA 高级开发系统支持资源及说明

序　号	资　源	说　明
1	FPGA	Spartan-6 XC6SLX16，CSG324
2	外扩 SDRAM	H57V2562GTR，256Mbit
3	外扩配置 Flash	M25P16，16Mbit
4	外扩用户 Flash	W25Q128，16MB
5	外扩用户 EEPROM	AT24C02，256B
6	电源	AC220 DC12V/2A 电源适配器
7	JTAG 接口	支持 Xilinx Platform Cable USB 下载器下载和调试
8	电容触摸屏	7 英寸串口电容触摸屏，分辨率 800 像素×480 像素，串口屏主控为 STM32F429IGT6，外扩 SDRAM 为 W9825G6KH，外扩 NAND Flash 为 MT29F4G08，带蜂鸣器
9	OLED	分辨率 128 像素×64 像素
10	七段数码管	8 位
11	音频	支持耳麦输入、音频线输入、耳机输出
12	以太网	支持
13	SD 卡	支持
14	USB 转 UART	1 路，通过 B 型 USB 线连接计算机
15	RS232 串口	1 路

序　号	资　源	说　明
16	蓝牙	串口蓝牙，采用 HC-05 模块
17	Wi-Fi	串口 Wi-Fi，采用 ESP8266 模块
18	温/湿度传感器	采用 SHT20 芯片
19	RTC	外部 DS1302（带锂电池）
20	摄像头接口	支持（位于 Spartan-6 核心板上方）
21	GPIO 接口	预留 GPIO 扩展接口（引出大多数 GPIO）
22	ADC	1 通道，BNC 接口
23	DAC	1 通道，BNC 接口
24	矩阵键盘	4×4 独立按键矩阵键盘
25	拨动开关	16 位
26	独立 LED	8 位
27	独立按键	4 位
28	蜂鸣器	1 位
29	VGA 接口	支持
30	通信模块	NL668，支持 2G、3G、4G、GPS 定位，支持语音通话
31	人体生理参数监测系统接口	通过 USB 线与人体生理参数监测系统进行通信（串口通信方式）

1.7　FPGA 高级开发系统可以开展的部分实验

基于本书配套的 FPGA 高级开发系统，我们可以开展的实验非常丰富，这里仅列出具有代表性的 12 个实验，如表 1-10 所示。

表 1-10　FPGA 高级开发系统可开展的 12 个实验清单

序　号	实 验 名 称	序　号	实 验 名 称
1	分频器实验	7	串口通信实验
2	流水灯实验	8	读写外部 EEPROM 实验
3	独立按键去抖实验	9	读写外部 Flash 实验
4	七段数码管显示实验	10	SHT20 温/湿度测量实验
5	矩阵键盘扫描实验	11	DAC 实验
6	OLED 显示实验	12	ADC 实验

本 章 任 务

下载本书配套的资料包（可通过微信公众号"卓越工程师培养系列"提供的链接获取），准备好配套的开发系统，熟悉 FPGA 高级开发系统。

本 章 习 题

1. 什么是 FPGA？FPGA 有哪些优缺点和应用场景？

2．除了 Xilinx 公司，还有哪些公司推出了 FPGA 芯片？

3．简述 FPGA 的基本结构。

4．FPGA 的开发流程是什么？

5．简述 FPGA 和 ASIC、CPU、DSP 之间的关系。

6．FPGA 的开发工具有什么？

7．Verilog HDL 语言的基本结构包括哪些部分？

8．Verilog HDL 常用的数据类型有哪些？

9．各种运算符之间的优先级关系是怎样的？

10．除了 Verilog HDL，还有一种硬件描述语言——VHDL，这两种语言之间有何共同点及区别？

第2章 分频器实验

从本章开始,我们将详细介绍基于 FPGA 高级开发系统的代表性实验。分频器实验旨在通过 Verilog HDL 设计简单的时钟分频器,从而帮助初学者理解分频器的原理,掌握基于 FPGA 的分频器设计方法,同时熟悉 FPGA 的开发环境及开发流程。

2.1 实 验 内 容

设计分频器,对 50MHz 的系统时钟进行分频,输出一个占空比为 50%、频率为 1Hz 的方波信号,并且将该方波信号约束到 FPGA 高级开发系统编号为 LED_0 的发光二极管上,使发光二极管每 500ms 更改一次状态。另外,该分频器还可以通过编号为 RESET 的按键进行低电平复位。

2.2 实 验 原 理

2.2.1 分频器 LED 电路原理图

分频器实验涉及的硬件电路包括一个位于 FPGA 高级开发系统上的 LED_0 及与 LED_0 串联的限流电阻 R_{513},LED_0 通过 470Ω 电阻连接 XC6SLX16 芯片的 G14 引脚。另外,硬件电路还包括系统时钟引脚和系统复位引脚。其中,系统时钟引脚连接 50MHz 时钟模块,是 XC6SLX16 芯片的时钟源,系统复位引脚连接 RESET 按键,低电平复位,分频器 LED 电路原理图如图 2-1 所示。当 G14 为高电平时,LED_0 点亮;当 G14 为低电平时,LED_0 熄灭。

图 2-1 分频器 LED 电路原理图

2.2.2 时钟分频原理

时钟信号的处理是 FPGA 的特色之一,因此分频器也是 FPGA 设计中使用频率非常高的基本部件之一。FPGA 中通常集成了锁相环,可以满足各种时钟的分频和倍频设计,但是通过 Verilog HDL 或 VHDL 进行时钟分频是最基本的,在对时钟要求不高的设计场合也能节省珍贵的锁相环资源。

顾名思义,分频即对较高频率的信号进行划分,得到较低频率的信号。若一个高频信号的频率降低为原来的 $1/N$,则称其为 N 分频。例如,50MHz 的信号经过 2 分频可以得到 25MHz 的信号,经过 5 分频可以得到 10MHz 的信号,经过 10 分频可以得到 5MHz 的信号。分频示意图如图 2-2 所示,分频前的时钟为 clk_i,可以通过计数器 s_cnt 对 clk_i 进行计数,产生 16 分频、8 分频、4 分频和 2 分频的时钟。

图 2-2　分频示意图

在本实验中，LED$_0$ 每 500ms 更改一次状态，即 LED$_0$ 的闪烁频率为 1Hz，50MHz 的时钟周期为 20ns。因此，基于 50MHz 的时钟，需要计数的次数为 1s/20ns=1×10^{9}ns/20ns=50000000 次。此处先定义一个计数器 s_cnt，对 50MHz 的时钟进行计数，在每个时钟上升沿，s_cnt 执行一次加 1 操作，当 s_cnt 计数到 49999999 时，在下一个时钟上升沿，s_cnt 清零。为了产生一个占空比为 50% 的方波信号，即高电平时间占时钟周期的比例为 50% 的时钟信号，当 s_cnt 在 0 和 24999999 之间（包含 0 和 24999999）时，clk_o 输出低电平；当 s_cnt 在 25000000 和 49999999 之间（包含 25000000 和 49999999）时，clk_o 输出高电平，如图 2-3 所示。

图 2-3　50MHz 时钟分频为 1Hz

2.2.3　分频器模块内部电路图

分频器实验电路有 3 个引脚，引脚的名称、类型、约束及描述如表 2-1 所示。

表 2-1　分频器实验电路引脚说明

引脚名称	引脚类型	引脚约束	引脚描述
clk_i	in	V10	时钟输入，50MHz
rst_n_i	in	N7	复位输入，低电平复位
clk_o	out	G14	时钟输出，1Hz

分频器模块内部电路图如图 2-4 所示。CNT_MAX 和 CNT_HALF 为常量。其中，CNT_MAX 可以调节输出时钟的频率，CNT_HALF 可以调节输出时钟的占空比。本实验要求输出一个占空比为 50%、频率为 1Hz 的方波信号，而系统时钟频率为 50MHz。因此，CNT_MAX 为 49999999，CNT_HALF 为 24999999。该电路中有 2 个寄存器，分别为 s_cnt 和 s_clk。s_cnt

相当于计数器，该计数器在每个 clk_i 时钟上升沿执行一次加 1 操作。当 s_cnt 大于或等于
CNT_MAX 时，在下一个 clk_i 时钟上升沿，s_cnt 清零；当 s_cnt 在 0 和 24999999 之间（包
含 0 和 24999999）时，s_clk 为低电平；当 s_cnt 在 25000000 和 49999999 之间（包含 25000000
和 49999999）时，s_clk 为高电平。clk_o 是分频器模块的输出端，与 s_clk 相连接，因此 clk_o
会输出一个占空比为 50%、频率为 1Hz 的方波信号。复位引脚 rst_n_i 用于对整个系统进行异
步复位，当 rst_n_i 为 0 时，寄存器 s_cnt 和 s_clk 均被清零。

图 2-4　分频器模块内部电路图

2.3　实　验　步　骤

步骤 1：ISE 软件标准化设置

在进行程序设计前，建议对 ISE 软件进行标准化设置，如将 Tab 键设置为 2 个空格，这
样可以避免在使用不同的编辑器阅读代码时出现代码布局不整齐的现象。针对 ISE 软件，下
面介绍设置 Tab 键和显示行号的具体方法。

打开 ISE Design Suite 14.7 软件，执行菜单命令"Edit"→"Preferences"，如图 2-5 所示。

在如图 2-6 所示的对话框中，打开"ISE Text Editor"标签页，单击选择"Insert spaces"
单选按钮，并且在"Tab width"输入框中输入 2，勾选"Show line numbers"复选框。最后，
单击"OK"按钮。

图 2-5　设置 Tab 键步骤 1　　　　　　　　图 2-6　设置 Tab 键步骤 2

步骤 2：创建 FPGA 工程

首先，在计算机的 D 盘新建一个名为 Spartan6FPGATest 的文件夹，将本书配套资料包中的"04.例程资料\Material"文件夹复制到新建的文件夹中，然后在 Spartan6FPGATest 文件夹中新建一个名为 Product 的文件夹。当然，工程的保存路径读者可以自行选择，不一定放在 D 盘中，但是完整的工程保存路径及命名一定要严格按照要求进行，要从小处养成良好的规范习惯。此外，工程路径中不能存在中文和特殊字符。

在"D:\Spartan6FPGATest\Product"目录中新建一个名为 exp01_clk_gen_1hz 的文件夹，将"D:\Spartan6FPGATest\Material\exp01_clk_gen_1hz"目录中的所有文件（包括 code、project）复制到"D:\Spartan6FPGATest\Product\exp01_clk_gen_1hz"目录中。其中，code 文件夹用于存放 Verilog HDL 源代码或仿真激励文件，project 文件夹用于存放工程文件。

下面开始新建工程，打开 ISE Design Suite 14.7 软件，执行菜单命令"File"→"New Project"，如图 2-7 所示。

图 2-7　新建工程

在弹出的对话框中，在"Name"文本框中输入 clk_gen_1hz，在"Location"和"Working Directory"文本框中选择如图 2-8 所示的路径，然后单击"Next"按钮。

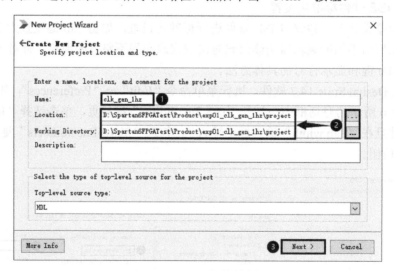

图 2-8　新建工程设置

在弹出的对话框中，分别在"Family""Device""Package""Speed""Synthesis Tool""Simulator""Preferred Language"下拉列表中，选择如图 2-9 所示的选项，然后单击"Next"按钮。

确认工程名、工程路径、器件、仿真综合工具等工程信息是否正确，如果有问题，则单击"Back"按钮返回到相应的对话框中进行更改，否则直接单击"Finish"按钮结束，如图 2-10 所示。

图 2-9　选择器件和综合仿真工具等

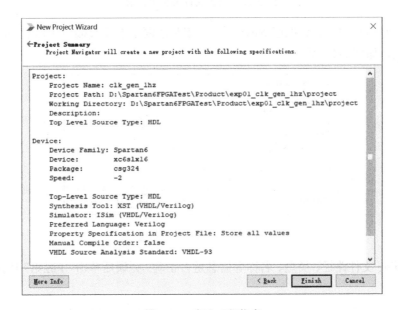

图 2-10　确认工程信息

步骤 3：新建 Verilog 文件

完成工程创建后还需要新建 Verilog 文件，执行菜单命令 "Project" → "New Source"，如图 2-11 所示。

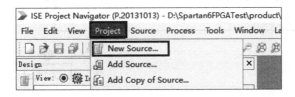

图 2-11　新建 Verilog 文件

在弹出的对话框中，文件类型选择"Verilog Module"选项，在"File name"文本框中输入 clk_gen_1hz，在"Location"文本框中选择如图 2-12 所示的路径，并勾选"Add to project"复选框，最后单击"Next"按钮。

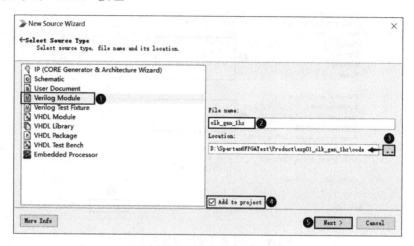

图 2-12　设置文件类型等信息

在弹出的对话框中，直接单击"Next"按钮，该对话框用于设置端口等信息，建议在 Verilog 文件中自定义，如图 2-13 所示。

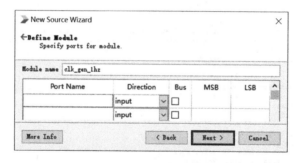

图 2-13　设置端口等信息

确认 Verilog 文件路径、类型、名称等信息是否正确，无误后单击"Finish"按钮，如图 2-14 所示。

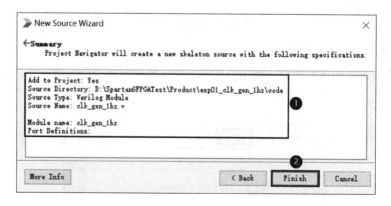

图 2-14　确认 Verilog 文件信息

在如图 2-15 所示的软件界面中，删除 clk_gen_1hz.v 文件中由 ISE 自动生成的所有代码。

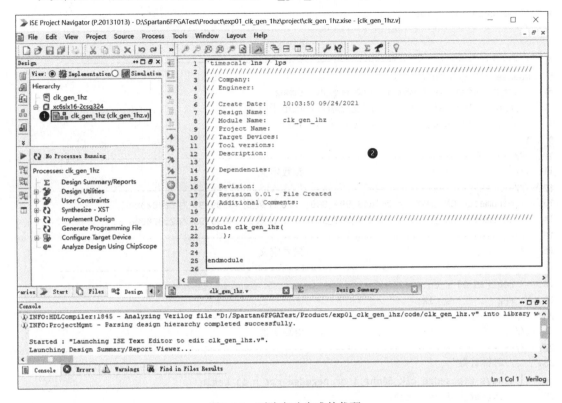

图 2-15　删除自动生成的代码

步骤 4：完善 clk_gen_1hz.v 文件

将程序清单 2-1 中的代码输入 clk_gen_1hz.v 文件中，下面对关键语句进行解释。

（1）第 1 行代码：`timescale 是 Verilog 中的预编译指令，用来定义模块在仿真时的时间单位和时间精度，这里的时间单位为 1ns，时间精度为 1ps。注意，时间精度必须小于或等于时间单位，并且时间单位和时间精度只能是 1、10 和 100 这 3 个整数，单位有 s、ms、μs、ns、ps 和 fs。

（2）第 6 至 8 行代码：输入/输出端口的定义。

（3）第 13 至 14 行代码：定义了实现分频功能时要用到的两个常量参数 CNT_MAX 和 CNT_HALF。

（4）第 18 至 19 行代码：定义了实现分频功能时使用到的两个 reg 型信号。

（5）第 23 至 33 行代码：实现时钟计数功能。当复位时，将计数器 s_cnt 清零；在 clk_50mhz_i 的上升沿，如果 s_cnt 大于或等于 CNT_MAX，则 s_cnt 清零，否则 s_cnt 执行加 1 操作。

（6）第 35 至 45 行代码：实现分频时钟输出功能。当复位时，将分频后的时钟 s_clk 清零；在 clk_50mhz_i 的上升沿，如果 s_cnt 在 0 和 24999999 之间（包含 0 和 24999999），则 s_clk 为低电平，如果 s_cnt 在 25000000 和 49999999 之间（包含 25000000 和 49999999），则 s_clk 为高电平。

（7）第 47 行代码：用 assign 语句将时钟信号 s_clk 赋给输出信号 clk_o，clk_o 输出一个占空比为 50%、频率为 1Hz 的方波信号。

程序清单 2-1

```
1.   `timescale 1ns / 1ps
2.   //------------------------------------------------------------------------
3.   //                              模块定义
4.   //------------------------------------------------------------------------
5.   module clk_gen_1hz(
6.     input  wire clk_50mhz_i, //时钟输入，50MHz
7.     input  wire rst_n_i,       //复位输入，低电平有效
8.     output wire clk_o          //时钟输出，1Hz
9.   );
10.  //------------------------------------------------------------------------
11.  //                              参数定义
12.  //------------------------------------------------------------------------
13.    parameter CNT_MAX  = 26'd49_999_999; //0 计数到 49999999 为 50000000
14.    parameter CNT_HALF = 26'd24_999_999; //0 计数到 24999999 为 25000000
15.  //------------------------------------------------------------------------
16.  //                              信号定义
17.  //------------------------------------------------------------------------
18.    reg [25:0] s_cnt = 26'd0;
19.    reg        s_clk;
20.  //------------------------------------------------------------------------
21.  //                              电路实现
22.  //------------------------------------------------------------------------
23.    //时钟计数
24.    always @(posedge clk_50mhz_i or negedge rst_n_i) begin
25.      if(rst_n_i == 1'b0)
26.        s_cnt <= 26'd0;
27.      else begin
28.        if(s_cnt == CNT_MAX)
29.          s_cnt <= 26'd0;
30.        else
31.          s_cnt <= s_cnt + 26'd1;
32.      end
33.    end
34.
35.    //分频时钟输出
36.    always @(posedge clk_50mhz_i or negedge rst_n_i) begin
37.      if(rst_n_i == 1'b0)
38.        s_clk <= 1'b0;
39.      else begin
40.        if(s_cnt >= 0  && s_cnt <= CNT_HALF)
41.          s_clk <= 1'b0;
42.        else
43.          s_clk <= 1'b1;
44.      end
45.    end
46.
47.    assign clk_o = s_clk;
48.
49.  endmodule
```

步骤 5：检查 Verilog 文件语法

在如图 2-16 所示的软件界面中，首先单击工具栏中的 🖫 按钮保存文件，然后在 "Hierarchy" 栏中单击 "clk_gen_1hz" 选项，接着在 "Processes:clk_gen_1hz" 栏中右击 "Check Syntax" 选项，选择 "Run" 命令，当 "Console" 窗口中出现 "Process "Check Syntax" completed successfully" 时，表示检查语法成功。注意，如果在 "Console" 窗口中出现错误提示信息，则以该提示信息为线索对 Verilog 源代码进行修改，直到没有错误为止。

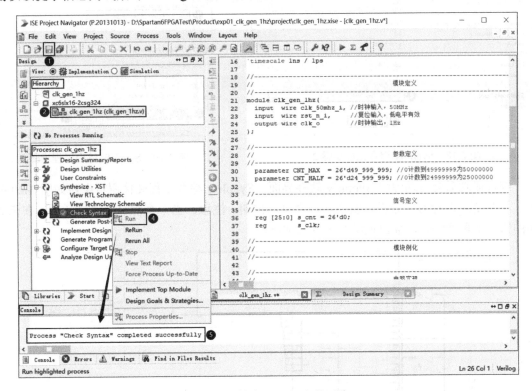

图 2-16　检查 Verilog 文件语法

步骤 6：通过 Synplify 综合工程

Synplify 综合是对整个系统的数学模型描述。在系统设计的初始阶段，通过对系统行为描述的仿真来发现系统设计中存在的问题，以此考虑系统结构和工作过程能否达到设计要求。确认 Verilog 文件语法正确后，在如图 2-17 所示的软件界面中，右击 "xc6slx16-2csg324" 选项，选择 "Design Properties" 命令，打开 "Design Properties" 对话框，或者双击 "xc6slx16-2csg324" 选项直接打开 "Design Properties" 对话框。

在该对话框中，将 "Synthesis Tool" 下拉列表设置为 "Synplify Pro (VHDL/Verilog)"，如图 2-18 所示，然后单击 "OK" 按钮。

在如图 2-19 所示的界面中，单击 "clk_gen_1hz" 选项，然后右击 "View RTL Schematic" 选项，在弹出的菜单中选择 "Run" 命令。

图 2-17　Synplify 综合工程步骤 1

图 2-18   Synplify 综合工程步骤 2

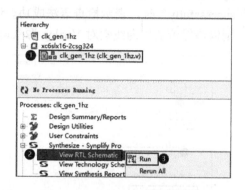

图 2-19   Synplify 综合工程步骤 3

综合成功后会自动弹出 Synplify 软件界面，Synplify 综合工程硬件逻辑电路如图 2-20 所示，与图 2-4 进行对比分析，发现其符合设计预期。注意，当一个综合电路打开后，在未关闭的情况下再次综合，会出现综合失败的情况。

图 2-20   Synplify 综合工程硬件逻辑电路

步骤7：新建 Verilog 测试文件进行仿真

将工程下载到 FPGA 高级开发系统之前，为了检验电路的正确性，需要对电路进行仿真测试，确保无误后再将电路下载到系统中。

首先新建一个测试文件（参考图 2-11），执行菜单命令"Project"→"New Source"。在弹出的对话框中，文件类型选择"Verilog Test Fixture"选项，在"File name"文本框中输入 clk_gen_1hz_tf，在"Location"文本框中选择如图 2-21 所示的路径，并勾选"Add to project"复选框。最后，单击"Next"按钮。

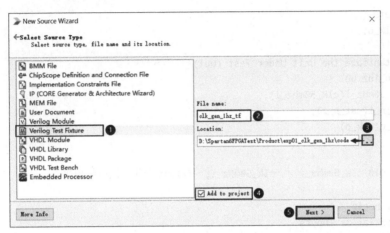

图 2-21　设置测试文件类型等

在弹出的对话框中选择仿真目标文件，通常选择顶层文件，由于本实验只有一个 Verilog 文件，所以直接单击"Next"按钮进行关联，如图 2-22 所示。

确认文件路径、文件类型、文件名等信息是否正确，无误后单击"Finish"按钮，如图 2-23 所示。

图 2-22　关联 Verilog 测试文件与 Verilog 文件　　　图 2-23　确认 Verilog 测试文件信息

如程序清单 2-2 所示，在 ISE 软件自动生成的测试文件 clk_gen_1hz_tf.v 中添加第 19 行和第 30 行代码，下面对程序清单 2-2 中的关键语句进行解释。

（1）第 19 行代码：#10 表示延迟 10 个时间单位，因为第 1 行代码定义的时间单位为 1ns，所以延迟 10ns，即每 10ns 电平发生一次变化，用于产生周期为 20ns 的时钟，因为 FPGA 高级开发系统的时钟频率为 50MHz，周期为 20ns，故仿真也采用 20ns 的周期。

（2）第 21 至 24 行代码：将时钟信号 clk_50mhz_i 和复位信号 rst_n_i 初始化赋值为 0。

（3）第 26 至 30 行代码：延迟 100ns 后将复位信号 rst_n_i 电平拉高。

程序清单 2-2

```
1.   `timescale 1ns / 1ps
2.   //此处省略自动生成的注释
3.   module clk_gen_1hz_tf;
4.
5.     // Inputs
6.     reg clk_50mhz_i;
7.     reg rst_n_i;
8.
9.     // Outputs
10.    wire clk_o;
11.
12.    // Instantiate the Unit Under Test (UUT)
13.    clk_gen_1hz uut (
14.      .clk_50mhz_i(clk_50mhz_i),
15.      .rst_n_i(rst_n_i),
16.      .clk_o(clk_o)
17.    );
18.
19.    always #10 clk_50mhz_i = ~clk_50mhz_i;   //10ns 变化一次时钟电平
20.
21.    initial begin
22.      // Initialize Inputs
23.      clk_50mhz_i = 0;
24.      rst_n_i = 0;
25.
26.      // Wait 100 ns for global reset to finish
27.      #100;
28.
29.      // Add stimulus here
30.      rst_n_i = 1;        //将复位信号电平拉高
31.    end
32.  endmodule
```

在如图 2-24 所示的软件界面中，单击选择"Simulation"单选按钮，单击"clk_gen_1hz_tf"选项，然后双击"Behavioral Check Syntax"对仿真文件 clk_gen_1hz_tf.v 进行语法检查，当"Console"窗口出现"Process "Behavioral Check Syntax" completed successfully"时，表示检查语法成功。最后，右击"Simulate Behavioral Model"选项，在弹出的对话框中选择"Run"命令运行仿真。

在弹出的如图 2-25 所示的 ISim 软件界面中，执行以下操作查看仿真结果：①单击工具栏的 ■ 按钮；②单击 ▶ 按钮，运行仿真；③运行大约 2500ms；④单击 Ⅱ 按钮，中止仿真，显示界面会切换到 clk_gen_1hz_tf.v 文件；⑤单击"Default.wcfg"标签页，显示界面切换回仿真文件；⑥单击 ⚙ 按钮，查看完整的仿真波形，单击 🔍、🔍 按钮，或者按 Ctrl 键且同时滚动鼠标滚轮可以对仿真波形进行放大、缩小操作。

在默认情况下，ISim 的仿真文件中仅显示实体中的输入和输出等端口，不会显示内部定义的信号，但在仿真过程中出现错误时，常常需要查看内部信号等信息，因此还要掌握如何将信号添加到波形窗口中。下面以 s_cnt 信号为例进行介绍：①在 ISim 软件界面的"Instances and Processes"面板上，单击"clk_gen_1hz_tf"节点下的"uut"选项；②在"Objects"面板上右击"s_cnt[25:0]"信号，在弹出的快捷菜单中选择"Add To Wave Window"命令，完成添加 s_cnt[25:0]信号到波形窗口后，依次单击 ⬅ 、▶ 按钮重新运行仿真。如图 2-26 所示，可以看到，s_cnt[25:0]信号已经成功添加到波形窗口的最后一行并显示出仿真值了。

图 2-24　检查 Verilog 测试文件语法

图 2-25　查看仿真结果

图 2-26　添加信号后的视图

　　分频器实验是一个简单的实验，只有两个信号。但绝大多数工程都有非常丰富的内部信号，如果在仿真中出现错误，就需要重新更改 Verilog 源代码或 Verilog 测试文件，重新仿真，这样就需要重新添加信号。为节省时间，可以先保存当前仿真文件：①执行菜单命令"File"→"Save"；②输入文件名，并选择保存路径，如文件名为 clk_gen_1hz，文件路径为 D:\Spartan6FPGATest\Product\exp01_clk_gen_1hz\project；③关闭该仿真文件。

完成仿真文件的存储后，可以在如图 2-27 所示的软件界面中，右击"Simulate Behavioral Model"选项，在弹出的快捷菜单中选择"Process Properties"命令。

图 2-27　"Process Properties"命令

在弹出的如图 2-28 所示的对话框中，勾选"Use Custom Waveform Configuration File"复选框，并在"Custom Waveform Configuration File"文本后输入仿真文件的路径和文件名，最后单击"OK"按钮。

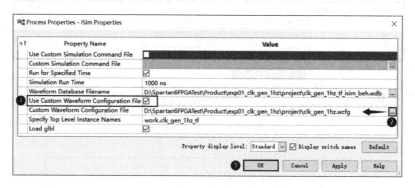

图 2-28　设置 Verilog 仿真文件路径

参考图 2-24 和图 2-25，重新进行仿真，这样就可以在仿真波形窗口中同时看到实体的输入和输出端口，以及 s_cnt[25:0]信号了，可以通过反复仿真确保仿真正确。

步骤 8：新建引脚约束文件

在板级调试之前，还需要进行引脚约束。将窗口从 Simulation 切换到 Implementation，然后执行菜单命令"Project"→"New Source"，在弹出的对话框中，文件类型选择"Implementation Constraints File"选项，在"File name"文本框中输入 clk_gen_1hz，在"Location"文本框中选择如图 2-29 所示的路径，并勾选"Add to project"复选框。最后，单击"Next"按钮。

确认文件路径、文件类型、文件名等信息是否正确，无误后单击"Finish"按钮，如图 2-30 所示。

图 2-29　设置引脚约束文件

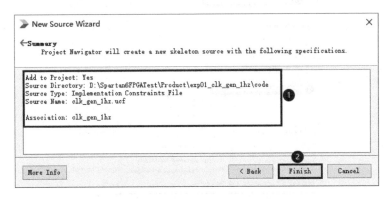

图 2-30　确认引脚约束文件信息

在 ISE 软件界面中，将程序清单 2-3 中的代码输入 clk_gen_1hz.ucf 文件，下面对关键语句进行解释。

（1）第 1 至 3 行代码：时钟输入引脚约束，将时钟输入 clk_i 分配到 FPGA 芯片的 V10 引脚；建立以 clk_i 驱动的约束组 sys_clk_pin；对约束组 sys_clk_pin 进行周期约束 TS_sys_clk_pin（格式为"TS_约束组名"），时钟频率为 50MHz。

（2）第 5 至 7 行代码：复位输入引脚约束，将复位输入 rst_n_i 分配到 FPGA 芯片的 N7 引脚。在 ISE 软件中，rst_n_i 常被识别为时钟信号，但该信号并没有在专用时钟引脚上，这样，在布局布线时会报错，加上第 7 行代码会让 ISE 软件忽略这个错误。

（3）第 9 至 10 行代码：时钟输出引脚约束，将时钟输出 clk_o 分配到 FPGA 芯片的 G14 引脚。

另外，IOSTANDARD = "LVCMOS33"语句表示使用 3.3V 电平标准。XC6SLX16 芯片可以适配 1.2V、3.3V 等多个标准，同时还可以调整引脚输入/输出电流，以提高驱动能力，具体方法可以参考配套资料包中的"09.硬件资料\Spartan-6_FPGA_SelectIO_Resources.pdf"文件。

程序清单 2-3

```
1.  #时钟输入引脚约束
2.  NET clk_50mhz_i LOC = V10 | TNM_NET = sys_clk_pin;
3.  TIMESPEC TS_sys_clk_pin = PERIOD sys_clk_pin 50MHz;
4.
```

```
5.   #复位输入引脚约束
6.   NET rst_n_i LOC = N7 | IOSTANDARD = "LVCMOS33"; #核心板上的 RESET 按键
7.   NET rst_n_i CLOCK_DEDICATED_ROUTE = FALSE;
8.
9.   #时钟输出引脚约束
10.  Net clk_o  LOC = G14 | IOSTANDARD = "LVCMOS33"; #LED0
```

步骤 9：下载程序

在如图 2-31 所示的软件界面中，右击"Generate Programming File"选项，在弹出的快捷菜单中选择"Run"命令，当"Console"窗口出现"Process "Generate Programming File"completed successfully"时，表示生成二进制文件（.bit 文件）成功。

图 2-31　生成二进制文件

在下载.bit 文件之前，需要通过 12V 电源适配器向 FPGA 高级开发系统供电，同时将电源拨动开关上拨至 ON 打开电源，然后将 Xilinx USB Cable 下载器连接到 FPGA 高级开发系统和计算机上，其连接图如图 2-32 所示。

图 2-32　FPGA 高级开发系统连接图

完成连接后检查计算机的设备管理器，如图 2-33 所示，若发现 Xilinx USB Cable 设备则表示下载器与计算机正常连接，此时下载器上的黄灯亮。

图 2-33　Xilinx USB Cable 与计算机正常连接

在如图 2-34 所示的软件界面中，展开"Configure Target Device"选项列表，右击子选项"Manage Configuration Project (iMPACT)"，在弹出的快捷菜单中选择"Run"命令，直到"Console"窗口出现"Process "Configure Target Device" launched successfully"。

在弹出如图 2-35 所示的对话框中，单击"OK"按钮。

图 2-34　下载.bit 文件步骤 1　　　　　　　　　　图 2-35　下载.bit 文件步骤 2

在如图 2-36 所示的 ISE iMPACT 软件界面中，双击"Boundary Scan"选项，然后右击窗口空白处，在弹出的快捷菜单中选择"Initialize Chain"命令。

图 2-36　下载.bit 文件步骤 3

在弹出如图 2-37 所示的对话框中，单击"No"按钮。

然后会弹出如图 2-38 所示的对话框，该对话框用于配置下载参数，使用默认参数即可，单击"OK"按钮回到主界面。

图 2-37　下载.bit 文件步骤 4

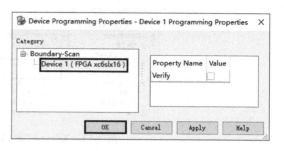

图 2-38　下载.bit 文件步骤 5

右击 XILINX 芯片图标，在弹出的快捷菜单中选择"Launch File Assignment Wizard"命令，如图 2-39 所示。

在"D:\Spartan6FPGATest\product\exp01_clk_gen_1hz\project"目录中选择"clk_gen_1hz.bit"文件，查看"File name"文本框中是否显示正确，如图 2-40 所示，然后单击"Open"按钮。

图 2-39　选择下载文件命令

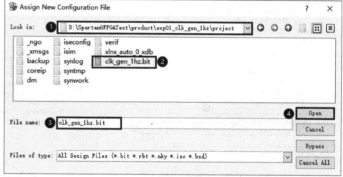

图 2-40　选择.bit 文件

在弹出如图 2-41 所示的对话框中，单击"No"按钮，目前还不需要将代码下载到外部 Flash 芯片中，后面固化程序时会介绍如何将程序下载到外部 Flash 芯片中。

在如图 2-42 所示的对话框中单击"OK"按钮。

图 2-41　不添加 Flash

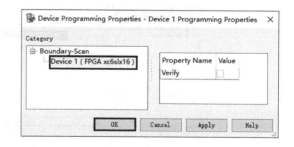

图 2-42　设备编程属性设置

如图 2-43 所示，二进制文件 clk_gen_1hz.bit 已完成添加，右击 XILINX 芯片图标，在弹出的快捷菜单中选择"Program"命令，将.bit 文件下载到 FPGA 芯片中。

如图 2-44 所示，下载成功后将显示"Program Succeeded"。

图 2-43　进行下载　　　　　　　　　　图 2-44　下载成功

下载完成后，观察 FPGA 高级开发系统的发光二极管模块中的 LED_0，可以看到 LED_0 每 500ms 更改一次状态，从而实现分频器实验的板级验证。

步骤 10：固化程序

步骤 9 中的.bit 文件只是下载到了 XC6SLX16 芯片的配置区域，该配置区域类似于 SRAM，断电后数据会丢失。如果先给 FPGA 高级开发系统断电，然后上电，那么此时就会发现刚才下载的程序丢失了，系统就像恢复了出厂设置一样。

要想实现系统断电再重新上电后程序不丢失，就需要用外部的 Flash 芯片来保存程序，Flash 芯片不具有断电丢失数据的特性，但读写速度较慢，特别适合存储数据，这一方法也被称为 FPGA 的程序固化。程序固化后，当 XC6SLX16 芯片上电时，就能从外部 Flash 芯片中读出程序并写入配置区域，从而避免每次上电都要重新下载程序。

首先，参考步骤 9 进入 ISE iMPACT 软件界面；然后双击"Create PROM File(PROM File Formatter)"选项，在弹出的"PROM File Formatter"对话框中选择"Configure Single FPGA"选项，接着单击第 1 个绿色箭头。将"Storage Device(bits)"下拉列表设置为 16M，然后单击"Add Storage Device"按钮，这时下方的空白框中会显示 16M。单击第 2 个绿色箭头，在"Output File Name"文本框中输入 clk_gen_1hz，在"Output File Location"文本框中选择工程路径进行保存，最后单击"OK"按钮，生成.mcs 文件如图 2-45 所示。

图 2-45　生成.mcs 文件的设置

在弹出的如图 2-46 所示的"Add Device"对话框中，单击"OK"按钮。

在如图 2-47 所示的对话框中，选择 project 文件夹下的 clk_gen_1hz.bit 文件，然后单击"打开"按钮。

图 2-46　添加设备

图 2-47　选择.bit 文件

如图 2-48 所示，"Add Device"对话框用于提示是否继续添加设备。若一个电路板上有多个 FPGA 芯片，每个 FPGA 芯片都有专门的.bit 文件，那么可以将多个.bit 文件储存在同一个 Flash 芯片中。通常 Flash 芯片容量是远大于 FPGA 配置区域容量的，这样做可以提高 Flash 芯片内存的利用率，并且节约成本。更多信息可查阅配套资料包中的"09.硬件资料\Spartan-6_FPGA_Configuration_User_Guide.pdf"文件。

因为只有一个 FPGA 芯片，所以直接单击"No"按钮，不添加另一个设备。

在弹出的对话框中，直接单击"OK"按钮完成设备添加，如图 2-49 所示。

图 2-48　不添加另一个设备

图 2-49　添加设备完成

完成设备添加后，ISE iMPACT 变成如图 2-50 所示的界面，右击空白处，在弹出的快捷菜单中选择"Generate File"命令生成.mcs 文件。

图 2-50　生成.mcs 文件

成功生成.mcs 文件后，界面如图 2-51 所示。

图 2-51　成功生成.mcs 文件后的界面

下面进行.mcs 文件的下载，首先双击"Boundary Scan"选项，右击 Xilinx 芯片图标，在弹出的快捷菜单中选择"Add SPI/BPI Flash"命令添加 Flash 芯片，如图 2-52 所示。

图 2-52　添加 SPI/BPI Flash 芯片

在弹出的如图 2-53 所示的对话框中，选择 project 文件夹下的 clk_gen_1hz.mcs 文件，然后单击"打开"按钮。

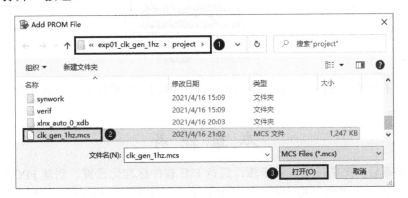

图 2-53　选择.mcs 文件

在如图 2-54 所示的对话框中进行 Flash 芯片选型，FPGA 高级开发系统使用的 Flash 芯片为 M25P16-VMN6TP，所以选择 SPI PROM 和 M25P16，然后单击"OK"按钮。

成功添加 Flash 芯片后，右击 Flash 芯片图标，在弹出的快捷菜单中选择"Program"命令，如图 2-55 所示。

图 2-54　Flash 芯片选型　　　　　　　图 2-55　下载到 Flash 芯片中

如图 2-56 所示，在弹出的对话框中单击"OK"按钮。

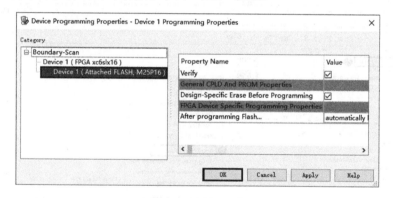

图 2-56　下载配置

文件成功下载到 Flash 芯片后，如图 2-57 所示。

图 2-57　下载成功

文件成功下载到 Flash 芯片后，尝试将 FPGA 高级开发系统断电，再重新上电，查看程序是否会丢失。

本 章 任 务

学习完本章后，严格按照实验步骤，进行 ISE 软件标准化设置，创建 FPGA 工程，新建 Verilog 文件、测试文件和引脚约束文件，并且最终生成.bit 文件和.mcs 文件，将其分别下载到 FPGA 高级开发系统中，查看运行结果。

本　章　习　题

1. 为什么要对 ISE 软件进行标准化设置？

2. FPGA 高级开发系统上的 FPGA 芯片型号是什么？封装是什么？

3. 简述时钟分频原理。

4. 分频器实验主要基于计数器进行，简述 50MHz 时钟分频到 1Hz 时钟的过程。

5. generic 引导的参数说明和传递语句中的参数与 constant 关键字定义的常量有何区别？

6. 如何在结构体的声明部分定义一个信号类型为 std_logic、取值范围为 000～111、初值为 000 的计数器 s_cnt？

7. 通过查找资料，总结.bit 文件和.mcs 文件的区别。

第3章　流水灯实验

流水灯实验旨在通过 Verilog HDL 设计一个基于分频器子模块的流水灯顶层模块。该流水灯模块不仅包括分频器，还包括计数器。因此，该实验主要是让读者掌握基于模块化设计思想的分频器应用及计数器设计的方法。

3.1　实　验　内　容

学习模块化设计思想及分频器和计数器的工作原理，基于 FPGA 高级开发系统设计一个流水灯模块，使编号为 $LED_0 \sim LED_7$ 的 8 个发光二极管（LED）依次点亮、熄灭，呈流水状显示。具体地讲，先让最右端的 LED 点亮，等待 1s 后熄灭；再让第二个 LED 点亮，等待 1s 后熄灭；以此类推。当最左端的 LED 熄灭后，再点亮最右端的 LED，形成循环。

3.2　实　验　原　理

3.2.1　流水灯 LED 电路原理图

流水灯实验涉及的硬件电路包括 8 个位于 FPGA 高级开发系统上的 LED（编号为 $LED_0 \sim LED_7$），以及分别与这 8 个 LED 串联的限流电阻 $R_{513} \sim R_{520}$，这 8 个 LED 分别通过 470Ω 电阻连接 XC6SLX16 芯片的 G14、F16、H15、G16、H14、H16、J13 和 J16 引脚。另外，硬件电路还包括系统时钟引脚和系统复位引脚，如图 3-1 所示。可以通过 FPGA 控制这 8 个 LED。当 FPGA 输出高电平时，LED 点亮；当 FPGA 输出低电平时，LED 熄灭。

图 3-1　流水灯 LED 电路原理图

3.2.2　流水灯工作原理

以 4 位的流水灯为例，工作原理就是 4 个 LED（$LED_0 \sim LED_3$）依次点亮、熄灭，呈流水状显示。在 T_1 时刻，先让 LED_0 点亮，等待一段时间；在 T_2 时刻，LED_0 熄灭，LED_1 点亮，等待一段时间；在 T_3 时刻，LED$_1$ 熄灭，LED$_2$ 点亮；以此类推。当 LED$_3$ 熄灭后，再点亮 LED$_0$，形成循环，如图 3-2 所示。注意，通常流水灯两个相邻状态之间的时间间隔是固定的，8 位的流水灯工作原理与之类似。

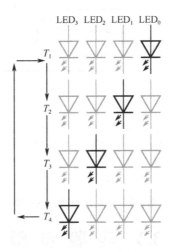

图 3-2　流水灯工作原理

3.2.3　流水灯模块内部电路图

流水灯实验电路有 10 个引脚，引脚名称、类型、约束及描述如表 3-1 所示。

表 3-1　流水灯实验电路引脚说明

引脚名称	引脚类型	引脚约束	引脚描述
clk_i	in	V10	时钟输入，50MHz
rst_n_i	in	N7	复位输入，低电平复位
led_o[7]	out	J16	通过电阻连接到 LED$_7$
led_o[6]	out	J13	通过电阻连接到 LED$_6$
led_o[5]	out	H16	通过电阻连接到 LED$_5$
led_o[4]	out	H14	通过电阻连接到 LED$_4$
led_o[3]	out	G16	通过电阻连接到 LED$_3$
led_o[2]	out	H15	通过电阻连接到 LED$_2$
led_o[1]	out	F16	通过电阻连接到 LED$_1$
led_o[0]	out	G14	通过电阻连接到 LED$_0$

流水灯模块内部电路如图 3-3 所示。1Hz 分频模块 clk_gen_1hz 用于将 50MHz 的系统时钟分频为 1Hz 的内部时钟，作为计数器 s_cnt 的时钟输入，s_cnt 初始值为 000，在每个 s_clk_1hz 时钟的上升沿执行一次加 1 操作，s_cnt 按照 "000→001→010→011→100→101→110→111→000" 的顺序循环计数。led_o[7:0] 根据计数器 s_cnt 输出流水灯的不同状态值：当 s_cnt 为 000 时，led_o[7:0] 取值为 LED0_ON；当 s_cnt 为 001 时，led_o[7:0] 取值为 LED1_ON；以此类推。其中，LED0_ON～LED7_ON、LED_OFF 均为常量，分别指示 LED$_0$～LED$_7$ 点亮、所有 LED

熄灭。复位引脚 rst_n_i 用于对整个系统进行异步复位，当 rst_n_i 为 0 时，计数器 s_cnt 被清零。

图 3-3 流水灯模块内部电路

3.3 实 验 步 骤

步骤 1：复制工程文件夹并添加 Verilog 文件

将"D:\Spartan6FPGATest\Material"目录中的 exp02_led 文件夹复制到"D:\Spartan6FPGATest\Product"目录中。然后，双击运行"D:\Spartan6FPGATest\Product\exp02_led\project"目录中的 led.xise 文件打开工程。

工程打开后，右击"xc6slx16-2csg324"选项，在弹出的快捷菜单中选择"Add Source"命令添加文件，如图 3-4 所示。

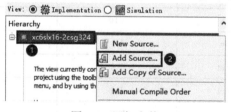

图 3-4 添加文件

如图 3-5 所示，在弹出的对话框中，选择"D:\Spartan6FPGATest\Product\exp02_led\code"目录下的.v 文件和.ucf 文件，然后单击"打开"按钮。

图 3-5 选择文件

如图 3-6 所示，在弹出的对话框中，出现 ✅ 图标表示文件添加成功，这时单击 "OK" 按钮将这些文件添加到工程中。

文件添加成功如图 3-7 所示。

图 3-6 添加文件

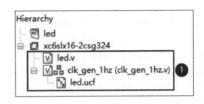

图 3-7 文件添加成功

步骤 2：完善 led.v 文件

双击 "led.v" 文件打开编辑界面，将程序清单 3-1 中的代码输入 led.v 文件，并参考 2.3 节步骤 5 检查 led.v 文件的语法，下面对关键语句进行解释。

（1）第 12 至 20 行代码：定义了 9 个参数，用于表示流水灯的 9 种状态，如 LED0_ON 表示 LED_0 点亮，初值为 8'b00000001。

（2）第 29 至 34 行代码：由于流水灯实验会使用到分频模块 clk_gen_1hz，因此还需要进行分频模块的例化，其中 clk_gen_1hz 为模块名，u_clk_gen_1hz 为例化名。

（3）第 38 至 44 行代码：实现计数功能。

（4）第 46 至 59 行代码：通过 case 语句实现一个选择器电路，led_o 根据 s_cnt 输出流水灯的不同状态值。

程序清单 3-1

```
1.  //----------------------------------------------------------------
2.  //                          模块定义
3.  //----------------------------------------------------------------
4.  module led(
5.    input  wire        clk_50mhz_i, //时钟输入，50MHz
6.    input  wire        rst_n_i,      //复位输入，低电平有效
7.    output reg [7:0] led_o           //LED 输出，共 8 位
8.  );
9.  //----------------------------------------------------------------
10. //                          参数定义
11. //----------------------------------------------------------------
12.   parameter LED0_ON = 8'b00000001; ///LED0 点亮
13.   parameter LED1_ON = 8'b00000010; ///LED1 点亮
14.   parameter LED2_ON = 8'b00000100; ///LED2 点亮
15.   parameter LED3_ON = 8'b00001000; ///LED3 点亮
16.   parameter LED4_ON = 8'b00010000; ///LED4 点亮
17.   parameter LED5_ON = 8'b00100000; ///LED5 点亮
18.   parameter LED6_ON = 8'b01000000; ///LED6 点亮
19.   parameter LED7_ON = 8'b10000000; ///LED7 点亮
20.   parameter LED_OFF = 8'b00000000; ///全部 LED 熄灭
21. //----------------------------------------------------------------
```

```
22.    //                                    信号定义
23.    //----------------------------------------------------------------
24.       wire      s_clk_1hz ;      //1Hz 时钟信号
25.       reg [2:0] s_cnt = 3'b000; //计数信号，3 位，初始值为 000
26.    //----------------------------------------------------------------
27.    //                                    模块例化
28.    //----------------------------------------------------------------
29.       clk_gen_1hz u_clk_gen_1hz
30.       (
31.         .clk_i   (clk_50mhz_i),
32.         .rst_n_i (rst_n_i    ),
33.         .clk_o   (s_clk_1hz  )
34.       );
35.    //----------------------------------------------------------------
36.    //                                    电路实现
37.    //----------------------------------------------------------------
38.       always @( posedge s_clk_1hz or negedge rst_n_i)
39.       begin
40.         if(rst_n_i == 1'b0)
41.           s_cnt <= 3'b000;
42.         else
43.           s_cnt <= s_cnt + 1'b1;
44.       end
45.
46.       always @(s_cnt)
47.       begin
48.         case(s_cnt)
49.           3'b000  : led_o = LED0_ON;
50.           3'b001  : led_o = LED1_ON;
51.           3'b010  : led_o = LED2_ON;
52.           3'b011  : led_o = LED3_ON;
53.           3'b100  : led_o = LED4_ON;
54.           3'b101  : led_o = LED5_ON;
55.           3'b110  : led_o = LED6_ON;
56.           3'b111  : led_o = LED7_ON;
57.           default : led_o = LED_OFF;
58.         endcase
59.       end
60.
61.    endmodule
```

　　语法确认无误后，要将 led.v 设置为顶层文件。一般情况下，在对 led.v 文件进行保存后，ISE 软件会自动识别并将 led.v 文件设置为顶层文件。如图 3-8 所示，带有 ▦ 图标的 led 模块为顶层文件。

　　除此之外，如果仅需要对工程中的某一个文件进行 Synplify 综合等操作，可以通过手动设置将该文件设置为顶层文件。如图 3-9 所示，右击需要进行设置的文件选项，如 u_clk_gen_1hz，在弹出的快捷菜单中选择"Set as Top Module"命令。

图 3-8　顶层文件　　　　　　　　　　　图 3-9　设置顶层文件

步骤 3：通过 Synplify 综合工程

参考 2.3 节步骤 6，通过 Synplify 对工程进行综合，综合生成电路图后，结果如图 3-10 所示，可以看到一个方块，这就是顶层文件调用的 clk_gen_1hz 模块，单击工具栏的 📖 按钮，将光标移动到方块内部，待光标变成向下的箭头后单击鼠标左键，即可查看 clk_gen_1hz 模块内部综合的电路图。

图 3-10　Synplify 综合工程结果

步骤 4：新建 Verilog 测试文件并进行仿真

新建名为 led_tf.v 的仿真文件，选择仿真对象为 led.v。

ISE 软件会自动生成测试代码，参考 2.3 节步骤 7 将自动生成的代码进行修改，生成周期为 20ns 的时钟信号并将 rst_n_i 值拉高。

完成测试代码的修改后，对流水灯模块进行仿真，从如图 3-11 所示的仿真结果中可以看出，led_o[7:0] 的值循环改变，每 1s 更改一次（按 Shift 键，单击波形位置可以查看该位置与光标间的时间间隔），说明仿真结果正确。

图 3-11　仿真结果

步骤 5：完成引脚约束文件

打开 led.ucf 文件编辑界面，参考 2.3 节步骤 8，将程序清单 3-2 中的代码输入 led.ucf 文件中。

程序清单 3-2

```
1.   #时钟输入引脚约束
2.   NET clk_50mhz_i LOC = V10 | TNM_NET = sys_clk_pin;
3.   TIMESPEC TS_sys_clk_pin = PERIOD sys_clk_pin 50MHz;
4.
5.   #复位输入引脚约束
6.   NET rst_n_i LOC = N7 | IOSTANDARD = "LVCMOS33"; #核心板上的 RESET 按键
7.   NET rst_n_i CLOCK_DEDICATED_ROUTE = FALSE;
8.
9.   #LED 输出引脚约束
10.  Net led_o<7> LOC = J16 | IOSTANDARD = "LVCMOS33"; #LED7
11.  Net led_o<6> LOC = J13 | IOSTANDARD = "LVCMOS33"; #LED6
12.  Net led_o<5> LOC = H16 | IOSTANDARD = "LVCMOS33"; #LED5
13.  Net led_o<4> LOC = H14 | IOSTANDARD = "LVCMOS33"; #LED4
14.  Net led_o<3> LOC = G16 | IOSTANDARD = "LVCMOS33"; #LED3
15.  Net led_o<2> LOC = H15 | IOSTANDARD = "LVCMOS33"; #LED2
16.  Net led_o<1> LOC = F16 | IOSTANDARD = "LVCMOS33"; #LED1
17.  Net led_o<0> LOC = G14 | IOSTANDARD = "LVCMOS33"; #LED0
```

引脚约束文件完成后，参考 2.3 节步骤 9 编译工程并生成.bit 文件，下载到 FPGA 高级开发系统上，观察发光二极管模块是否每 1s 点亮一个 LED，并且呈流水状显示。

本 章 任 务

基于 FPGA 高级开发系统，使用 VHDL 实现 LED 编码计数功能。假设 LED 熄灭为 0，点亮为 1，要求通过 4 个 LED 实现编码计数功能：初始状态为 $LED_3 \sim LED_0$ 均熄灭（0000）；第二状态为 $LED_3 \sim LED_1$ 熄灭，LED_0 点亮（0001）；第三状态为 LED_3、LED_2、LED_0 熄灭，LED_1 点亮（0010）；第四状态为 LED_3、LED_2 熄灭，LED_0、LED_1 点亮（0011）；…；第十五状态为 $LED_3 \sim LED_1$ 点亮，LED_0 熄灭（1110）；第十六状态为 $LED_3 \sim LED_0$ 均点亮（1111）。按照"初始状态→第二状态→第三状态→…→第十六状态→初始状态"的顺序循环执行，两个相邻状态之间的时间间隔为 500ms。

本 章 习 题

1. 在本实验中，如果测试文件中的 clk_50mhz_i 周期改为 10ns，那么仿真中流水灯两个相邻状态之间的时间间隔是多少？这对板级验证时流水灯闪烁时间间隔会有影响吗？

2. 在本实验中，如果测试文件中的 rst_n_i 始终保持 0 不变，那么 led_o[7:0]的值会发生什么变化？为什么？

3. 模块化设计有什么优点？

4. C 语言中的函数调用与 Verilog HDL 中的模块例化有什么不同？

5. 假如在一个分频模块 clk_gen 中，时钟分频参数 CNT_MAX 为 49999，CNT_HALF 为 24999，如何在保持 clk_gen.v 文件代码中参数值不变的前提下，在模块例化 u_clk_gen 时，直接在例化的代码中将 CNT_MAX 和 CNT_HALF 分别更改为 499 和 249？

第4章 独立按键去抖实验

流水灯实验主要学习 FPGA 的输出控制,独立按键去抖实验主要学习 FPGA 的输入检测,旨在通过 Verilog HDL 设计一个基于分频器子模块和按键去抖子模块的按键控制 LED 计数顶层模块。该模块不仅包括分频模块,还包括按键去抖模块,同时按键去抖模块会涉及状态机,因此本章将详细介绍状态机设计。

4.1 实 验 内 容

通过学习 FPGA 高级开发系统上的独立按键电路原理图、按键去抖原理和状态机设计,设计一个基于 FPGA 高级开发系统的按键控制 LED 计数顶层模块,当按下按键 KEY_1 时,控制编号为 $LED_0 \sim LED_3$ 的 4 个发光二极管按照 "0000→0001→0010→…→1111→0000" 的顺序循环点亮,这里假设 LED 熄灭为 0,点亮为 1。

4.2 实 验 原 理

4.2.1 独立按键电路原理图

独立按键去抖实验涉及的硬件电路包括 4 个位于 FPGA 高级开发系统上的 LED(编号为 $LED_0 \sim LED_3$)、1 个独立按键(编号为 KEY_1),以及与独立按键串联的 10kΩ 限流电阻、与独立按键并联的 100nF 滤波电容。KEY_1 连接 XC6SLX16 芯片的 G13 引脚。另外,硬件电路还包括系统时钟引脚和系统复位引脚,如图 4-1 所示。当按键未按下时,G13 引脚上的电平为高电平;当按键按下时,G13 引脚上的电平为低电平。

图 4-1 独立按键电路原理图

4.2.2 按键去抖原理

市场上绝大多数按键结构都是机械式开关结构,而机械式开关的核心部件为弹性金属簧片,因而在开关切换的瞬间会在接触点出现来回弹跳的现象。在按键松开后,也会出现类似的情况,这种情况被称为抖动。按键按下时产生前沿抖动,按键松开后产生后沿抖动,如图 4-2 所示。

图 4-2 前沿抖动和后沿抖动

独立按键去抖原理图如图 4-3 所示，因为按键未按下时为高电平，按键按下时为低电平，所以对于理想按键，按键按下时可以立刻检测到低电平，按键松开后可以立刻检测到高电平。但是，实际情况是按键一旦按下，就会产生前沿抖动，抖动持续时间为 5～10ms。接着，芯片引脚会检测到稳定的低电平。按键松开后，会产生后沿抖动，抖动持续时间依然为 5～10ms。接着，芯片引脚会检测到稳定的高电平。去抖实际上是每 1ms 检测一次连接到按键的引脚电平，连续检测到 20 次低电平，即低电平持续时间超过 20ms，表示识别到按键按下。同理，按键松开后，如果连续检测到 20 次高电平，即高电平持续时间超过 20ms，则表示识别到按键松开。

图 4-3 独立按键去抖原理图

根据前面的分析，要求每 1ms 检测一次连接到按键的引脚电平，因此，需要通过 50MHz 的系统时钟分频出一个 1kHz 的时钟。假设去抖前的按键名为 btn_i，去抖后的按键名为 btn_o，未检测到按键按下时 btn_o 为低电平，在连续 20 次检测到按键按下时，btn_o 产生一个脉宽为 1ms 的脉冲信号。这样，就实现了按键的去抖。独立按键去抖时序图如图 4-4 所示。

图 4-4 独立按键去抖时序图

4.2.3 状态机工作原理

状态机的全称为有限状态机（Finite State Machine，FSM），由状态寄存器和组合逻辑电路构成，能够根据控制信号按照预先设定的状态进行状态转移，是协调相关信号动作、完成特定操作的控制中心。

状态机由 3 部分组成，分别为产生下一状态的组合逻辑电路、当前状态的时序逻辑电路和产生输出的组合逻辑电路。产生下一状态的组合逻辑电路包含 2 个输入和 1 个输出：输入分别为当前状态 curr_state 和实际的电路输入信号 input，输出为下一状态 next_state。当前状态的时序逻辑电路包含 3 个输入和 1 个输出：输入分别为时钟信号 clock、复位信号 reset 和下一状态 next_state，输出为当前状态 curr_state。产生输出的组合逻辑电路包含 1 个输入和 1 个输出：输入为当前状态 curr_state，输出为实际的电路输出信号 output。注意，输入信号 input 可以是多个输入信号，同样地，输出信号 output 也可以是多个输出信号。

如果状态机的输出信号 output 仅由当前状态决定，则这种状态机称为摩尔（Moore）型有限状态机，如图 4-5 所示；如果状态机的输出信号 output 不仅与电路当前状态 curr_state 有关，还与当前的输入 input 有关，则这种状态机称为米利（Mealy）型有限状态机，如图 4-6 所示。

图 4-5　摩尔型有限状态机原理图

图 4-6　米利型有限状态机原理图

状态机的使用可归纳为 4 个要素：现态、条件、动作和次态。现态是指当前所处的状态。条件又被称为事件，当一个条件被满足时，将会触发一个动作，或者执行一次状态的迁移。动作是指条件满足后执行的动作。动作执行完毕后，可以迁移到新的状态，也可以保持原状态。动作不是必需的，当条件满足时，也可以不执行任何动作，直接迁移到新状态。次态则是在条件满足后要迁往的新状态。次态是相对现态而言的，次态一旦被激活，就会转变为新的现态。

在 Verilog HDL 中，状态机的描述方法一般有一段式、二段式及三段式 3 种，它们最大的区别在于一共使用了几个 always 块对状态机进行描述。例如，在二段式状态机中，分别使用了 2 个 always 块，一个采用时序逻辑描述系统状态标志的转移，一个采用组合逻辑判断状态转移条件，描述状态的转移规律。

4.2.4　独立按键去抖处理状态机

基于 FPGA 的独立按键去抖模块设计有很多种方法，如第 6 章的矩阵键盘扫描实验将会使用双寄存器边沿检测电路，而本章实验使用状态机对独立按键进行去抖处理。从图 4-4 可以看出，如果按照状态机概念对独立按键去抖时序图进行状态编码分析可以得到以下 4 个状态：①按键未按下时的空闲状态 IDLE，复位时进入该状态；②检测到按键按下且计数器小于 20 的延迟状态 DELAY；③检测到按键按下且计数器大于或等于 20 时产生一个脉宽为 1ms

脉冲的脉冲状态 PULSE；④按键未松开时的保持状态 KEEP。独立按键去抖处理的状态转换示意图如图 4-7 所示。

图 4-7   独立按键去抖处理的状态转换示意图

独立按键去抖状态转换条件如表 4-1 所示。

表 4-1   独立按键去抖状态转换条件

当前状态	下一状态	转 换 条 件
IDLE	IDLE	未检测到按键按下
IDLE	DELAY	检测到按键按下，按键按下为低电平，从 IDLE 状态跳转至 DELAY 状态，同时启动计数器
DELAY	DELAY	检测到按键按下且计数器小于 20，计数器执行加 1 操作
DELAY	IDLE	计数器小于 20 并检测到按键松开
DELAY	PULSE	检测到按键按下且计数器大于或等于 20，即按键引脚低电平持续时间为 20ms，说明成功检测到按键已有效按下
PULSE	KEEP	在成功检测到按键已有效按下时，将 btn_o 置 1，由于 PULSE 状态只会保持一个状态，从 PULSE 状态跳转至 KEEP 状态时，btn_o 将被置 0，因此，btn_o 的高电平只会持续 1ms
KEEP	IDLE	识别到按键松开，跳转至 IDLE 状态
KEEP	KEEP	识别到按键依然处于按下状态

4.2.5 独立按键去抖实验内部电路图

独立按键去抖实验电路有 7 个引脚，引脚名称、类型、约束及描述如表 4-2 所示。

表 4-2   独立按键去抖实验电路引脚说明

引 脚 名 称	引 脚 类 型	引 脚 约 束	引 脚 描 述
clk_i	in	V10	时钟输入，50MHz
rst_n_i	in	N7	复位输入，低电平复位
btn_i	in	G13	按键输入，按下为低电平
led_o[3]	out	G16	通过电阻连接到 LED$_3$
led_o[2]	out	H15	通过电阻连接到 LED$_2$

续表

引脚名称	引脚类型	引脚约束	引脚描述
led_o[1]	out	F16	通过电阻连接到 LED$_1$
led_o[0]	out	G14	通过电阻连接到 LED$_0$

独立按键去抖实验内部电路图如图 4-8 所示。1kHz 分频模块 u_clk_gen_1khz 用于将 50MHz 的系统时钟分频为 1kHz 的内部时钟，作为计数器 s_cnt 和 u_clr_jitter 模块的时钟输入。按键去抖模块 u_clr_jitter 用于对原始按键输入 btn_i 进行去抖处理。当 s_cnt 在 s_clk_1khz 时钟上升沿，同时 s_btn_after_clr_jitter 为 1 时，执行一次加 1 操作，s_cnt 按照 "0000→0001→0010→0011→…→1111→0000" 的顺序循环计数，led_o 根据 s_cnt 输出不同状态值。rst_n_i 用于对整个系统进行异步复位，当 rst_n_i 为 0 时，s_cnt 被清零。

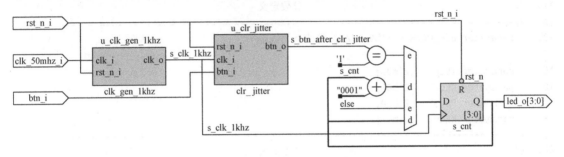

图 4-8　独立按键去抖实验内部电路图

4.3　实　验　步　骤

步骤 1：复制工程文件夹并添加 Verilog 文件

将 "D:\Spartan6FPGATest\Material" 目录中的 exp03.clr_jitter_with_fsm 文件夹复制到 "D:\Spartan6FPGATest\Product" 目录中。然后，双击运行 "D:\Spartan6FPGATest\Product\exp03.clr_jitter_with_fsm\project" 目录中的 btn_led_cnt.xise 文件，打开工程。

工程打开后，参考 3.3 节步骤 1，将 "D:\Spartan6FPGATest\Product\exp03.clr_jitter_with_fsm\code" 目录中的.v 文件和.ucf 文件全部添加到工程中，并将顶层文件设置为 btn_led_cnt.v。

步骤 2：完善 clr_jitter_with_fsm.v 文件

将程序清单 4-1 中的代码输入 clr_jitter_with_fsm.v 文件中，并参考 2.3 节步骤 5 检查该文件的语法，下面对关键语句进行解释。

（1）第 13 至 18 行代码：定义参数 BTN_DOWN，值为 0，代表按键按下为低电平。同时定义 4 个参数表示状态机的 4 个状态，分别为空闲状态 IDLE、延迟状态 DELAY、脉冲状态 PULSE 和保持状态 KEEP。

（2）第 22 至 26 行代码：定义当前状态 curr_state 和下一状态 next_state。另外，再定义两个计数器，分别为当前计数器 s_cnt_curr 和下一计数器 s_cnt_next，均赋初值 00000。

（3）第 30 至 40 行代码：实现两个时序逻辑电路，分别为产生当前状态的时序逻辑电路及产生当前计数器值的时序逻辑电路。当 rst_n_i 为 0 复位时，状态机当前状态 curr_state 为 IDLE，当前计数器 s_cnt_curr 清零；在 clk_i 上升沿，curr_state 更新为 next_state，s_cnt_curr 更新为 s_cnt_next。

（4）第 42 至 102 行代码：实现产生下一状态、产生输出的组合逻辑电路，可以参考图 4-7 的状态转换示意图和表 4-1 的状态转换条件。

程序清单 4-1

```
1.  //------------------------------------------------------------------
2.  //                          模块定义
3.  //------------------------------------------------------------------
4.  module clr_jitter_with_fsm(
5.    input  wire clk_i,   //时钟输入，1kHz
6.    input  wire rst_n_i, //复位输入，低电平有效
7.    input  wire btn_i,   //消抖前的按键输入
8.    output reg  btn_o    //消抖后的按键输出
9.  );
10. //------------------------------------------------------------------
11. //                          参数定义
12. //------------------------------------------------------------------
13.   parameter BTN_DOWN = 1'b0; ///按键按下为低电平
14.
15.   parameter IDLE  = 2'b00;
16.   parameter DELAY = 2'b01;
17.   parameter PULSE = 2'b10;
18.   parameter KEEP  = 2'b11;
19. //------------------------------------------------------------------
20. //                          信号定义
21. //------------------------------------------------------------------
22.   reg [1:0] curr_state; ///当前状态
23.   reg [1:0] next_state; ///下一状态
24.
25.   reg [4:0] s_cnt_curr = 5'b00000;
26.   reg [4:0] s_cnt_next = 5'b00000;
27. //------------------------------------------------------------------
28. //                          电路实现
29. //------------------------------------------------------------------
30.   always@(negedge rst_n_i or posedge clk_i)
31.   begin
32.     if(rst_n_i == 1'b0) begin
33.       curr_state <= IDLE;
34.       s_cnt_curr <= 5'b00000;
35.     end
36.     else begin
37.       curr_state <= next_state;
38.       s_cnt_curr <= s_cnt_next;
39.     end
40.   end
41.
42.   always@(curr_state or s_cnt_curr or s_cnt_next or btn_i)
43.   begin
44.     ///默认值
45.     ///next_state <= IDLE;
46.     ///s_cnt_next <= 5'b00000;
47.     ///btn_o      <= 1'b0;
48.     case (curr_state)
```

```
49.        IDLE : begin
50.          if(btn_i == BTN_DOWN) begin ///首次检测到有按键按下
51.            next_state = DELAY;
52.            s_cnt_next = 5'b00000;
53.            btn_o      = 1'b0;
54.          end
55.          else
56.          begin
57.            next_state = IDLE;
58.            s_cnt_next = 5'b00000;
59.            btn_o      = 1'b0;
60.          end
61.        end
62.        DELAY : begin
63.          if(btn_i == BTN_DOWN) begin ///再次检测到有按键按下
64.            if(s_cnt_curr >= 5'b10011) begin ///计数满 20，低电平持续 20ms，跳变至 PULSE
65.              next_state = PULSE;
66.              s_cnt_next = 5'b00000;
67.              btn_o      = 1'b0;
68.            end
69.            else ///计数未满 20，下一状态依然为 DELAY
70.            begin
71.              next_state = DELAY;
72.              s_cnt_next = s_cnt_curr + 1;
73.              btn_o      = 1'b0;
74.            end
75.          end
76.          else ///识别到按键松开
77.          begin
78.            next_state = IDLE;
79.            s_cnt_next = 5'b00000;
80.            btn_o      = 1'b0;
81.          end
82.        end
83.        PULSE : begin ///btn_o 拉高并保持 1ms
84.          next_state = KEEP;
85.          s_cnt_next = 5'b00000;
86.          btn_o      = 1'b1;
87.        end
88.        KEEP : begin
89.          if(btn_i == BTN_DOWN) begin ///按键依然处于按下状态，但将 btn_o 拉低
90.            next_state = KEEP;
91.            s_cnt_next = 5'b00000;
92.            btn_o      = 1'b0;
93.          end
94.          else ///识别到按键松开，下一状态跳变至 IDLE
95.          begin
96.            next_state = IDLE;
97.            s_cnt_next = 5'b00000;
98.            btn_o      = 1'b0;
99.          end
100.       end
```

```
101.      endcase
102.    end
103.  endmodule
```

步骤 3：仿真工程

检查完 clr_jitter_with_fsm.v 文件的语法之后，对 clr_jitter_with_fsm 模块进行仿真，本实验已经提供了测试文件模板 clr_jitter_with_fsm_tf.v，无须再创建，只需要将程序清单 4-2 中的内容输入模版代码的相应位置，然后参考 2.3 节步骤 7 进行仿真，下面对该文件的部分代码进行介绍。

（1）第 1 行代码：因为该模块的时钟信号周期为 1ms，所以这里要产生周期为 1ms 的时钟。

（2）第 12 至 22 行代码：模拟按键按下时的前沿抖动过程。

（3）第 24 行代码：模拟按键按下时的稳定状态，持续时间为 120ms。

（4）第 25 至 27 行代码：模拟按键松开后的后沿抖动过程。

（5）第 28 行代码：模拟按键松开后的稳定状态，持续时间为 200ms。

（6）第 30 至 37 行代码：模拟按键抖动过程。

程序清单 4-2

```
1.    always #500000 clk_i = ~clk_i;
2.
3.    initial begin
4.      clk_i = 0;
5.      rst_n_i = 0;
6.      btn_i = 0;
7.
8.      #100;
9.      rst_n_i = 1;
10.
11.     #100;
12.     btn_i = 0; #6000000;      //6ms
13.     btn_i = 1; #2000000;      //2ms
14.
15.     btn_i = 0; #7000000;      //7ms
16.     btn_i = 1; #10000000;     //10ms
17.
18.     btn_i = 0; #6000000;      //6ms
19.     btn_i = 1; #6000000;      //6ms
20.
21.     btn_i = 0; #10000000;     //10ms
22.     btn_i = 1; #6000000;      //6ms
23.
24.     btn_i = 0; #120000000;    //120ms
25.     btn_i = 1; #10000000;     //10ms
26.
27.     btn_i = 0; #8000000;      //8ms
28.     btn_i = 1; #200000000;    //200ms
29.
30.     btn_i = 0; #6000000;      //6ms
31.     btn_i = 1; #2000000;      //2ms
```

```
32.
33.        btn_i = 0; #6000000;     //6ms
34.        btn_i = 1; #2000000;     //2ms
35.
36.        btn_i = 0; #6000000;     //6ms
37.        btn_i = 1; #2000000;     //2ms
38.    end
```

完成测试文件的修改后，检查测试文件语法，然后参考 2.3 节步骤 7 对 clr_jitter_with_fsm 模块进行仿真，查看如图 4-9 所示的仿真结果，btn_i 经过一段时间的前沿抖动之后，进入稳定状态，并持续 120ms，经后沿抖动之后，进入松开状态。在抖动过程中，btn_o 保持低电平，在按键按下持续 20ms 低电平之后，btn_o 输出一个脉冲信号，说明检测到有效按键。

图 4-9　查看仿真结果

步骤 4：完善 btn_led_cnt.v 文件

将程序清单 4-3 中的代码输入 btn_led_cnt.v 文件中，下面对关键语句进行解释。

（1）第 37 至 44 行代码：当 rst_n_i 为 0 复位时，计数器 s_cnt 清零。在 s_clk_1khz 时钟上升沿，若 s_btn_after_clr_jitter 为 1，则 s_cnt 执行一次加 1 操作，s_cnt 按照 "0000→0001→0010→0011→…→1111→0000" 的顺序循环计数。

（2）第 46 行代码：led_o 根据 s_cnt 输出不同状态值。

程序清单 4-3

```
1.  //----------------------------------------------------------------------
2.  //                              模块定义
3.  //----------------------------------------------------------------------
4.  module btn_led_cnt(
5.    input  wire        clk_50mhz_i, //时钟输入，50MHz
6.    input  wire        rst_n_i,     //复位输入，低电平有效
7.    input  wire        btn_i,       //按键输入，按键按下为低电平
8.
9.    output wire [3:0] led_o         //led 输出，共 4 位
10. );
11. //----------------------------------------------------------------------
12. //                              信号定义
13. //----------------------------------------------------------------------
14.   wire s_btn_after_clr_jitter; //去抖后的按键信号
15.   wire s_clk_1khz ;            //1kHz 时钟信号
16.   reg  [3:0] s_cnt = 4'b0000;  //计数信号，4 位
17. //----------------------------------------------------------------------
18. //                              模块例化
19. //----------------------------------------------------------------------
20.   clk_gen_1khz u_clk_gen_1khz
```

```
21.     (
22.       .clk_i    (clk_50mhz_i),
23.       .rst_n_i  (rst_n_i    ),
24.       .clk_o    (s_clk_1khz  )
25.       );
26.
27.     clr_jitter_with_fsm u_clr_jitter_with_fsm
28.     (
29.       .clk_i    (s_clk_1khz),
30.       .rst_n_i  (rst_n_i),
31.       .btn_i    (btn_i),
32.       .btn_o    (s_btn_after_clr_jitter)
33.       );
34.   //---------------------------------------------------------------
35.   //                         电路实现
36.   //---------------------------------------------------------------
37.     always @(posedge s_clk_1khz or negedge rst_n_i)
38.     begin
39.       if(rst_n_i == 1'b0)
40.         s_cnt <= 4'b0000;
41.       else
42.         if(s_btn_after_clr_jitter == 1'b1)
43.           s_cnt <= s_cnt + 1'b1;
44.     end
45.
46.     assign led_o = s_cnt;
47.
48.   endmodule
```

步骤 5：通过 Synplify 综合工程

参考 2.3 节步骤 6，通过 Synplify 对工程进行综合，生成电路图后，单击 🔼 按钮进入 clr_jitter_with_fsm 模块的综合电路中，可以看到一个名为 statemachine 的方框，如图 4-10 所示的是 Synplify 通过代码生成的状态机，使用 🔼 按钮便可查看状态机内的状态转换图。

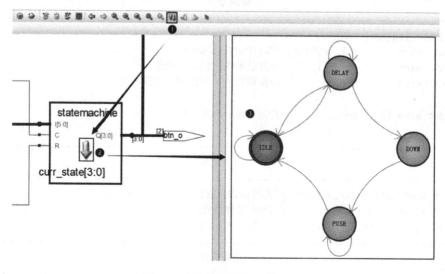

图 4-10　查看综合生成的状态机

步骤 6：完善引脚约束文件

将程序清单 4-4 中的代码输入 btn_led_cnt.ucf 文件中。

程序清单 4-4

```
1.   #时钟输入引脚约束
2.   NET clk_50mhz_i LOC = V10 | TNM_NET = sys_clk_pin;
3.   TIMESPEC TS_sys_clk_pin = PERIOD sys_clk_pin 50MHz;
4.
5.   #复位输入引脚约束
6.   NET rst_n_i LOC = N7 | IOSTANDARD = "LVCMOS33"; #核心板上的 RESET 按键
7.   NET rst_n_i CLOCK_DEDICATED_ROUTE = FALSE;
8.
9.   Net btn_i    LOC = G13  | IOSTANDARD = "LVCMOS33"; #KEY1
10.
11.  #LED 输出引脚约束
12.  Net led_o<3> LOC = G16 | IOSTANDARD = "LVCMOS33"; #LED3
13.  Net led_o<2> LOC = H15 | IOSTANDARD = "LVCMOS33"; #LED2
14.  Net led_o<1> LOC = F16 | IOSTANDARD = "LVCMOS33"; #LED1
15.  Net led_o<0> LOC = G14 | IOSTANDARD = "LVCMOS33"; #LED0
```

步骤 7：板级验证

参考 2.3 节步骤 9，将工程编译生成.bit 文件，将其下载到 FPGA 高级开发系统上，然后按下按键 KEY_1，观察发光二极管模块，我们可以看到 4 个发光二极管按照"0000→0001→0010→⋯→1111→0000"的顺序循环点亮。

本 章 任 务

本实验是在按键的前沿（按键按下时）控制 LED 计数的，请尝试在按键的后沿，即按键松开时，控制 LED 计数。

本 章 习 题

1. 简述按键去抖原理。

2. 在本实验中，通过 1kHz 的时钟检测按键的引脚电平，能否将其改为 10Hz 的时钟？为什么？

3. 在本实验中，一个有效按键经过去抖之后会输出一个脉宽为 1ms 的脉冲信号，如果输出一个 2ms 的脉冲信号，则会对本实验产生什么影响？

4. 本实验中的独立按键去抖处理状态机是摩尔型状态机还是米利型状态机？为什么？

5. 如果不使用状态机，那么还可以通过什么方式进行按键去抖？

第5章 七段数码管显示实验

本实验将详细介绍七段数码管显示模块，并通过一个七段数码管显示实验，让读者掌握七段数码管显示原理。

5.1 实 验 内 容

通过学习七段数码管、七段数码管显示模块电路原理图、七段数码管显示原理和七段数码管显示实验内部电路图，基于 FPGA 高级开发系统，编写七段数码管显示驱动程序，在数码管上显示数字 1~8。

5.2 实 验 原 理

5.2.1 七段数码管

七段数码管实际上由组成"8"形状的 7 个发光二极管，以及表示"点"的 1 个发光二极管构成（见图 5-1），分别由字母（或字母组合）a、b、c、d、e、f、g、dp 表示。当发光二极管被施加电压时，相应的段被点亮，从而显示出不同的字符，如图 5-2 所示。

图 5-1 七段数码管示意图

图 5-2 七段数码管显示样例

七段数码管内部电路有两种连接方式：一是所有发光二极管的阳极连接在一起，并与电源正极（VCC）相连，称为共阳型，如图 5-3（a）所示；二是所有发光二极管的阴极连接在一起，并与电源负极（GND）相连，称为共阴型，如图 5-3（b）所示。

图 5-3 共阳型和共阴型七段数码管内部电路示意图

七段数码管常用来显示数字和简单字符，如 0、1、2、3、4、5、6、7、8、9、A、b、C、d、E、F。对于共阳型七段数码管，当 dp 和 g 引脚连接高电平，其他引脚连接低电平时，显示数字 0。如果将 dp、g、f、e、d、c、b、a 引脚按照从高位到低位组成一个字节，并且规定引脚为高电平时对应逻辑 1，引脚为低电平时对应逻辑 0，那么二进制编码 11000000（0xC0）

对应数字 0，二进制编码 11111001（0xF9）对应数字 1。表 5-1 为共阳型七段数码管常用数字和简单字符译码表。

表 5-1　共阳型七段数码管译码表

序　号	8 位输出（dp g f e d c b a）	显 示 字 符	序　号	8 位输出（dp g f e d c b a）	显 示 字 符
0	11000000（0xC0）	0	8	10000000（0x80）	8
1	11111001（0xF9）	1	9	10010000（0x90）	9
2	10100100（0xA4）	2	10	10001000（0x88）	A
3	10110000（0xB0）	3	11	10000011（0x83）	b
4	10011001（0x99）	4	12	11000110（0xC6）	C
5	10010010（0x92）	5	13	10100001（0xA1）	d
6	10000010（0x82）	6	14	10000110（0x86）	E
7	11111000（0xF8）	7	15	10001110（0x8E）	F

　　FPGA 高级开发系统上有两个共阳型 4 位七段数码管，支持 8 个数字或简单字符的显示，4 位七段数码管的引脚图如图 5-4 所示。其中，a、b、c、d、e、f、g、dp 为数据引脚，1、2、3、4 为位选引脚，4 位七段数码管的引脚描述如表 5-2 所示。

图 5-4　4 位七段数码管引脚图

表 5-2　4 位七段数码管的引脚描述

引 脚 编 号	引 脚 名 称	描　　　述
1	e	e 段数据引脚
2	d	d 段数据引脚
3	dp	dp 段数据引脚
4	c	c 段数据引脚
5	g	g 段数据引脚
6	4	左起 4 号数码管（sel0）位选引脚
7	b	b 段数据引脚
8	3	左起 3 号数码管（sel1）位选引脚
9	2	左起 2 号数码管（sel2）位选引脚
10	f	f 段数据引脚
11	a	a 段数据引脚
12	1	左起 1 号数码管（sel3）位选引脚

　　如图 5-5 所示为 4 位共阳型七段数码管内部电路示意图。将数码管 sel3 的所有发光二极管正极相连，引出 sel3 的位选引脚；将数码管 sel2 的所有发光二极管正极相连，引出 sel2 的位选引脚；以此类推，引出 sel1 和 sel0 的位选引脚。4 个数码管的 a 段对应的发光二极管的负极相连，引出 a 段数据的引脚；4 个数码管的 b 段对应的发光二极管的负极相连，引出 b 段数据的引脚；以此类推，引出 c、d、e、f、g、h、dp 段数据的引脚。

图 5-5　4 位共阳型七段数码管内部电路示意图

5.2.2　七段数码管显示模块电路原理图

　　七段数码管显示模块硬件电路如图 5-6 所示，下面以七段数码管 U_{502} 的电路为例进行介绍，U_{502} 是一个 4 位共阳型七段数码管，通过 12 个引脚可以控制数码管每一位的点亮与熄灭。其中，引脚 6、8、9、12 为位选引脚，分别用于控制 SEL0～SEL3 中相应位数码管的点亮，其他 8 个数据引脚则用于控制所选中数码管相应段的点亮，这 12 个引脚均由 XC6SLX16 芯片控制。下面通过对数码管 SEL0 的点亮与熄灭来介绍七段数码管的显示原理。

图 5-6　七段数码管显示模块硬件电路

　　U_{502} 的 6 号数据引脚经过一个电路后连接到 SEL0 网络，SEL0 又与 XC6SLX16 芯片的 F3 引脚相连。当 F3 引脚输出高电平时，三极管 Q_{509} 导通，MOS 管 Q_{501} 的 1 号引脚（G 级）

为低电平，因此 Q_{501} 也被导通，U_{502} 的 6 号引脚输入高电平，SEL0 位选引脚使能，此时只要控制 SELA～SELDP 网络输出的电平高低，就可以实现数码管 SEL0 相应段的熄灭与点亮（低电平点亮，高电平熄灭）；反之，当 F3 引脚输出低电平时，SEL0 位选引脚失能，无论 SELA～SELDP 输出何种电平，数码管 SEL0 都为熄灭状态。

另外，七段数码管显示模块硬件电路还有一个 2P 的排针 J_{502}，该排针分别与系统电源 VCC_+3V3 和数码管供电电源 SEG_+3V3 连接。因此，当排针插上跳线帽时，VCC_+3V3 会与 SEG_+3V3 连上，七段数码管电路才有电源供应。否则，无论 SELA～SELDP 和 SEL0～SEL7 输出何种电平，七段数码管都会处于熄灭状态。

5.2.3　七段数码管显示原理

在如图 5-5 所示的 4 位共阳型七段数码管内部电路示意图中，每个数码管 8 段（a～dp）的同名端连接在一起，并且每个数码管由一个独立的公共控制端控制。当向数码管发送一个字符时，所有数码管都接收到相同的字符，由哪个数码管显示该字符取决于公共控制端（sel0～sel3），这种显示方式称为动态扫描。

在动态扫描过程中，每个数码管的点亮时间间隔非常短（约 20ms），由于人的视觉暂留现象及发光二极管的余晖效应，并不会有闪烁感。

如果 4 个数码管轮流显示，每次只在一个数码管上显示某一字符，相邻数码管显示的时间间隔为 5ms，则 4 个数码管轮流显示完成需要 20ms，即同一个数码管显示时间间隔为 20ms。尽管实际上数码管并非同时点亮，但看上去却是一组稳定的字符显示。

如图 5-7 所示，T_1 时刻数码管（a）显示数字 1，T_2 时刻数码管（b）显示数字 2，T_3 时刻数码管（c）显示数字 3，T_4 时刻数码管（d）显示数字 4，相邻时刻的时间间隔为 5ms，这样循环往复，看上去 4 个数码管稳定地显示 1234。

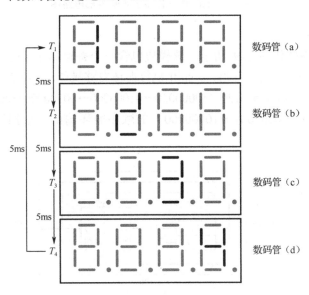

图 5-7　七段数码管动态扫描流程

5.2.4　七段数码管显示实验内部电路图

七段数码管显示实验电路有 4 个引脚，引脚的名称、类型、约束及描述如表 5-3 所示。

表 5-3　七段数码管显示实验电路引脚说明

引 脚 名 称	引 脚 类 型	引 脚 约 束	引 脚 描 述
clk_i	in	V10	时钟输入，50MHz
rst_n_i	in	N7	复位输入，低电平复位
seg7_sel_o[7:0]	out	J6、J3、H5、H3、H4、G3、G6、F3	输出，控制七段数码管位选引脚
seg7_seg_o[7:0]	out	G11、L15、K6、K15、K14、K13、L16、J7	输出，控制七段数码管数据引脚

七段数码管显示实验内部电路图如图 5-8 所示。400Hz 分频模块 u_clk_gen_400hz 用于将 50MHz 的系统时钟分频为 400Hz 的内部时钟，作为移位模块 u_shift 的时钟输入；u_shift 用于进行七段数码管的动态扫描，与位选输出 seg7_sel_o 相连；显示模块 u_seg7_disp 则用于七段数码管的显示。下面对模块 u_shift、u_seg7_disp 进行详细介绍。

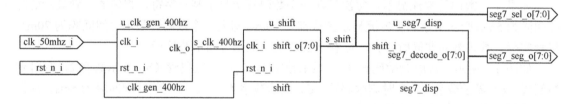

图 5-8　七段数码管显示实验内部电路图

1. u_shift 模块

u_shift 模块电路图如图 5-9 所示，该模块包含一个寄存器 s_shift，s_shift 的初始值为 10000000。在 clk_400hz_i 的上升沿，s_shift 执行循环右移操作，s_shift 与 shift_o 相连接。因此，该模块的功能是使 shift_o 按照"10000000→01000000→00100000→00010000→00001000→00000100→00000010→00000001→10000000"的顺序循环输出一个扫描信号，时间间隔为 2.5ms。

图 5-9　u_shift 模块电路图

2. u_seg7_disp 模块

u_seg7_disp 模块电路图如图 5-10 所示，该模块的功能是根据扫描信号值，在

seg7_decodc_o 输出对应位七段数码管的显示值。例如，当 shift_i 为 10000000 时，最左端七段数码管的位选引脚 SEL7 使能，此时数据引脚 SELDP～SELA 输出 11111001，在数码管上显示 1。

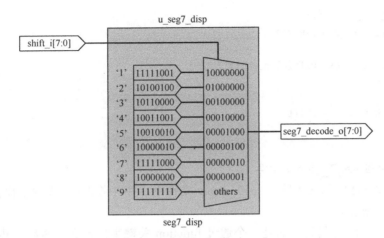

图 5-10 u_seg7_disp 模块电路图

5.3 实验步骤

步骤 1：复制工程文件夹并添加 Verilog 文件

将"D:\Spartan6FPGATest\Material"目录中的 exp04_seg7 文件夹复制到"D:\Spartan6FPGATest\Product"目录中。然后，双击运行"D:\Spartan6FPGATest\Product\exp04_seg7\project"目录中的 seg7.xise 文件打开工程。

工程打开后，参考 3.3 节步骤 1，将"D:\Spartan6FPGATest\Product\exp04_seg7\code"文件夹中的.v 文件和.ucf 文件全部添加到工程中，并将顶层文件设置为 seg7.v。

步骤 2：完善 shift.v 文件

将程序清单 5-1 中的代码输入 shift.v 文件中，并参考 2.3 节步骤 5 检查语法。其中，第16 至 22 行代码实现了循环移位的功能，s_shift 初始值为 10000000，当复位信号不为零时，在每个 400Hz 时钟信号的上升沿，s_shift 进行一次循环右移，用于七段数码管的扫描信号输出。

程序清单 5-1

```
1.  //------------------------------------------------------------
2.  //                        模块定义
3.  //------------------------------------------------------------
4.  module shift(
5.    input  wire        clk_400hz_i, //时钟输入，400Hz
6.    input  wire        rst_n_i,     //复位输入，低电平有效
7.    output wire [7:0]  shift_o
8.  );
9.  //------------------------------------------------------------
10. //                        信号定义
11. //------------------------------------------------------------
12.   reg [7:0] s_shift = 8'b10000000;
13. //------------------------------------------------------------
```

```
14.  //                             电路实现
15.  //--------------------------------------------------------------------
16.    always @( posedge clk_400hz_i or negedge rst_n_i)
17.    begin
18.      if(rst_n_i == 1'b0)
19.        s_shift <= 8'b10000000;
20.      else
21.        s_shift <= {s_shift[0],s_shift[7:1]};
22.    end
23.
24.    assign shift_o = s_shift;
25.
26.  endmodule
```

步骤 3：完善 seg7_disp.v 文件

将程序清单 5-2 中的代码输入 seg7_disp.v 文件中，并参考 2.3 节步骤 5 检查语法，下面对关键语句进行解释。

（1）第 24 至 49 行代码：这是一个通过 function 关键字自定义的函数。其中，char_to_integer 是函数名，input [7:0] indata 是输入的参数与参数的位宽，函数通过 case 语句把输入的字符值转换为对应的 8 位七段数码管的显示值，即显示该字符时七段数码管数据引脚的输出值（空格为不显示）。调用该函数的格式为 char_to_integer("X")，其中 X 为需要转换的字符值，得到的返回值即为该字符对应的 8 位七段数码管显示值。例如第 29 行，当输入为字符值"0"时，输出为七段数码管显示 0 时数据引脚的输出值 11000000。

注意，char_to_integer()的括号内只能输入函数中已经列出的字符值进行转换，如果需要将其他字符值转换成对应的 8 位七段数码管的显示值，那么就需要在第 45 行代码的下一行添加新的转换内容。例如，转换"H"，则需要添加""H" : char_to_integer = 8'b10110010;"。

（2）第 51 至 64 行代码：通过 case 语句，实现在不同扫描值时对应数码管显示相应的字符，最终在七段数码管上显示 12345678 的效果。

程序清单 5-2

```
1.   //--------------------------------------------------------------------
2.   //                           模块定义
3.   //--------------------------------------------------------------------
4.   module seg7_disp(
5.     input  wire [7:0] shift_i,
6.     output reg  [7:0] seg7_decode_o
7.   );
8.   //--------------------------------------------------------------------
9.   //                           参数定义
10.  //--------------------------------------------------------------------
11.    parameter SEG7_SEL0   = 8'b00000001;
12.    parameter SEG7_SEL1   = 8'b00000010;
13.    parameter SEG7_SEL2   = 8'b00000100;
14.    parameter SEG7_SEL3   = 8'b00001000;
15.    parameter SEG7_SEL4   = 8'b00010000;
16.    parameter SEG7_SEL5   = 8'b00100000;
17.    parameter SEG7_SEL6   = 8'b01000000;
18.    parameter SEG7_SEL7   = 8'b10000000;
19.    parameter SEG7_SELALL = 8'b11111111;
```

```
20.    parameter SEG7_SELOFF = 8'b00000000;
21.  //--------------------------------------------------------------------------
22.  //                              电路实现
23.  //--------------------------------------------------------------------------
24.  function [7:0] char_to_integer;
25.    input [7:0] indata;
26.    begin
27.      case(indata)
28.        " "  : char_to_integer = 8'b11111111;
29.        "0"  : char_to_integer = 8'b11000000;
30.        "1"  : char_to_integer = 8'b11111001;
31.        "2"  : char_to_integer = 8'b10100100;
32.        "3"  : char_to_integer = 8'b10110000;
33.        "4"  : char_to_integer = 8'b10011001;
34.        "5"  : char_to_integer = 8'b10010010;
35.        "6"  : char_to_integer = 8'b10000010;
36.        "7"  : char_to_integer = 8'b11111000;
37.        "8"  : char_to_integer = 8'b10000000;
38.        "9"  : char_to_integer = 8'b10010000;
39.        "A"  : char_to_integer = 8'b10001000;
40.        "b"  : char_to_integer = 8'b10000011;
41.        "C"  : char_to_integer = 8'b10100111;
42.        "d"  : char_to_integer = 8'b10100001;
43.        "E"  : char_to_integer = 8'b10000110;
44.        "F"  : char_to_integer = 8'b10001110;
45.        "-"  : char_to_integer = 8'b10111111;
46.        default : char_to_integer = 8'b11111111;
47.      endcase
48.    end
49.  endfunction
50.
51.  always @(shift_i)
52.  begin
53.    case(shift_i)
54.      SEG7_SEL7 : seg7_decode_o <= char_to_integer("1");//8'b11111001;
55.      SEG7_SEL6 : seg7_decode_o <= char_to_integer("2");//8'b10100100;
56.      SEG7_SEL5 : seg7_decode_o <= char_to_integer("3");//8'b10110000;
57.      SEG7_SEL4 : seg7_decode_o <= char_to_integer("4");//8'b10011001;
58.      SEG7_SEL3 : seg7_decode_o <= char_to_integer("5");//8'b10010010;
59.      SEG7_SEL2 : seg7_decode_o <= char_to_integer("6");//8'b10000010;
60.      SEG7_SEL1 : seg7_decode_o <= char_to_integer("7");//8'b11111000;
61.      SEG7_SEL0 : seg7_decode_o <= char_to_integer("8");//8'b10000000;
62.      default   : seg7_decode_o <= char_to_integer(" ");//8'b11111111;
63.    endcase
64.  end
65.  endmodule
```

步骤 4：完善 seg7.v 文件

将程序清单 5-3 中的代码输入 seg7.v 文件中，并参考 2.3 节步骤 5 检查语法。

程序清单 5-3

```
1.  //---------------------------------------------------------------
2.  //                           模块定义
3.  //---------------------------------------------------------------
4.  module seg7(
5.    input  wire clk_50mhz_i,        //时钟输入，50MHz
6.    input  wire rst_n_i,            //复位输入，低电平有效
7.    output wire [7:0] seg7_sel_o,   //位选引脚输出
8.    output wire [7:0] seg7_seg_o    //数据引脚输出
9.  );
10. //---------------------------------------------------------------
11. //                           信号定义
12. //---------------------------------------------------------------
13.   wire s_clk_400hz;
14.   wire [7:0] s_shift;
15. //---------------------------------------------------------------
16. //                           模块例化
17. //---------------------------------------------------------------
18.   clk_gen_400hz u_clk_gen_400hz
19.   (
20.     .clk_i   (clk_50mhz_i),
21.     .rst_n_i (rst_n_i),
22.     .clk_o   (s_clk_400hz)
23.     );
24.
25.   shift u_shift
26.   (
27.     .clk_400hz_i (s_clk_400hz),
28.     .rst_n_i     (rst_n_i),
29.     .shift_o     (s_shift)
30.     );
31.
32.   seg7_disp u_seg7_disp
33.   (
34.     .shift_i      (s_shift),
35.     .seg7_decode_o (seg7_seg_o)
36.     );
37. //---------------------------------------------------------------
38. //                           电路实现
39. //---------------------------------------------------------------
40.   assign seg7_sel_o = s_shift;
41.
42. endmodule
```

步骤 5：仿真工程

检查完 seg7.v 文件的语法之后，对 seg7 模块进行仿真，本实验已经提供了完整的测试文件 seg7_tf.v，可以直接参考 2.3 节步骤 7 对 seg7 模块进行仿真。如图 5-11 所示，扫描信号每 2.5ms 扫描一位，当扫描信号为不同值时，查看数据引脚的相应输出值是否正确。

步骤 6：板级验证

本实验已提供完整的引脚约束文件，参考 2.3 节步骤 9，将工程编译生成.bit 文件，并将

其下载到 FPGA 高级开发系统上，然后观察七段数码管显示模块，可以看到 8 位的七段数码管从左到右分别显示 12345678。

图 5-11 查看仿真结果

本 章 任 务

在本实验的基础上增加时钟模块，使七段数码管可以像电子钟一样动态显示时间。如图 5-12 所示，初始时间设置为 23-59-50，每隔 1s 递增一次，并能实现 23-59-59 到 00-00-00 的时间进位。

图 5-12 本章任务结果效果图

本 章 习 题

1. 简述七段数码管显示原理。

2. 假设七段数码管为共阳型，则二进制编码 10111111（0xBF）对应显示的字符是什么？

3. 七段数码管显示原理虽然简单，但占用较多的 I/O 资源。查找相关资料，尝试使用 2 个 74HC595 芯片重新设计一个七段数码管电路，实现通过 3 个 I/O 控制 8 位七段数码管的点亮与熄灭。

4. 简述行为仿真与后综合仿真的区别。

第6章 矩阵键盘扫描实验

矩阵键盘是嵌入式外部设备中所使用的排布类似于矩阵的键盘组。矩阵键盘显然比独立按键要复杂一些，识别也要复杂一些，但是在需要按键比较多的情况下，矩阵键盘可以节省I/O 资源。本章将通过一个矩阵键盘扫描实验介绍矩阵键盘扫描原理，以及具有去抖功能的双寄存器边沿检测电路。

6.1 实 验 内 容

通过学习矩阵键盘扫描原理、双寄存器边沿检测电路，以及矩阵键盘扫描实验内部电路，基于 FPGA 高级开发系统，设计矩阵键盘，控制编号为 $LED_3 \sim LED_0$ 的 4 个发光二极管。当依次按下矩阵键盘上的 K_0、K_1、K_2、$\cdots$、K_F 按键时，$LED_3 \sim LED_0$ 对应显示 0000、0001、0010、$\cdots$、1111。其中，LED 熄灭为 0，点亮为 1。

6.2 实 验 原 理

矩阵键盘模块电路原理图如图 6-1 所示，矩阵键盘共有 4 个行线（ROW3～ROW0）和 4 个列线（COL3～COL0），在行与列的交叉点上就是按键。在矩阵键盘中，同一列上的按键，左侧引脚串联后，一端通过一个串联的 10kΩ 电阻连接 3.3V 的电源，另一端连接 XC6SLX16 芯片的引脚，其中 COL3、COL2、COL1 和 COL0 分别连接 G18、H17、F17 和 F18 引脚；同一行上的按键，右侧引脚串联后，连接 XC6SLX16 芯片的引脚，其中 ROW3、ROW2、ROW1 和 ROW0 分别连接 E12、H18、J18 和 C17 引脚。

图 6-1　矩阵键盘模块电路原理图

6.2.1　矩阵键盘扫描原理

第 4 章已经介绍了独立按键,独立按键可以视为一个点,一行独立按键可以视为一条线,矩阵键盘可以视为一个面。掌握了独立按键的使用后,下面介绍单行独立按键。为了方便介绍,这里只保留矩阵键盘的第一行(ROW3),并通过 FPGA 控制 ROW3 的电平,然后通过 FPGA 读取 COL3～COL0 的电平。如果没有任何按键按下,则 FPGA 读取的 COL3～COL0 电平为 1111;当 FPGA 控制 ROW3 的输出为 0 时,如果按键 0 按下,则 FPGA 读取到的 COL3～COL0 电平为 0111。将 ROW3 为 0 与 COL3～COL0 为 0111 拼接之后,译码得出的值就对应按键 0,如图 6-2 所示。

接下来,在 1×4 矩阵键盘的基础上,增加一行(ROW2),并通过 FPGA 控制 ROW3 和 ROW2 的电平,再通过 FPGA 读取 COL3～COL0 的电平。如果没有任何按键按下,则 FPGA 读取的 COL3～COL0 电平为 1111;当 FPGA 控制 ROW3 和 ROW2

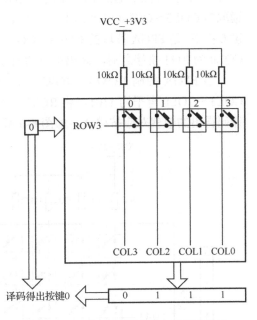

图 6-2　1×4 矩阵键盘按键 0 译码示意图

输出为 01 时,如果按键 0 按下,则 FPGA 读取的 COL3～COL0 电平为 0111。将 ROW3 和 ROW2 为 01 与 COL3～COL0 为 0111 拼接之后,译码得出的值就对应按键 0,如图 6-3 所示。

当 FPGA 控制 ROW3 和 ROW2 的输出为 10 时,如果按键 7 按下,则 FPGA 读取到的 COL3～COL0 的电平为 1110,将 ROW3 和 ROW2 为 10 与 COL3～COL0 为 1110 拼接之后,译码得出的值就对应按键 7,如图 6-4 所示。

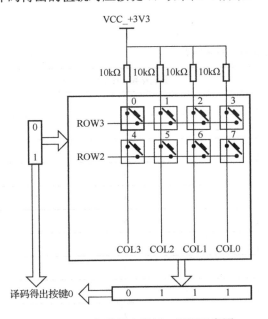

图 6-3　2×4 矩阵键盘按键 0 译码示意图

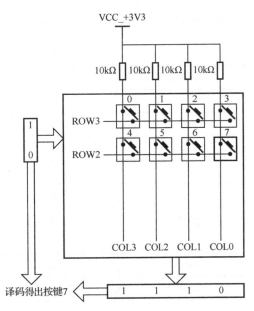

图 6-4　2×4 矩阵键盘按键 7 译码示意图

　　在 2×4 矩阵键盘的基础上，继续增加两行（ROW1 和 ROW0），并通过 FPGA 控制 ROW3～ROW0 的电平，然后通过 FPGA 读取 COL3～COL0 的电平。如果没有任何按键按下，则 FPGA 读取的 COL3～COL0 电平为 1111；当 FPGA 控制 ROW3～ROW0 的输出为 0111 时，如果按键 0 按下，则 FPGA 读取的 COL3～COL0 电平为 0111。将 ROW3～ROW0 为 0111 与 COL3～COL0 为 0111 拼接之后，译码得出的值就对应按键 0，如图 6-5 所示。

　　当 FPGA 控制 ROW3～ROW0 的输出为 1101 时，如果按键 A 按下，则 FPGA 读取的 COL3～COL0 电平为 1101，将 ROW3～ROW0 为 1101 与 COL3～COL0 为 1101 拼接之后，译码得出的值就对应按键 A，如图 6-6 所示。

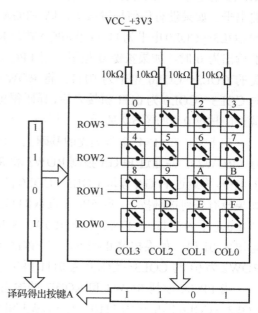

图 6-5　4×4 矩阵键盘按键 0 译码示意图　　　　图 6-6　4×4 矩阵键盘按键 A 译码示意图

　　4×4 矩阵键盘完整译码表如表 6-1 所示。

表 6-1　4×4 矩阵键盘完整译码表

ROW[3:0]	COL[3:0]	译码结果（按键值）
0111	0111	0
0111	1011	1
0111	1101	2
0111	1110	3
1011	0111	4
1011	1011	5
1011	1101	6
1011	1110	7
1101	0111	8
1101	1011	9

续表

ROW[3:0]	COL[3:0]	译码结果（按键值）
1101	1101	A
1101	1110	B
1110	0111	C
1110	1011	D
1110	1101	E
1110	1110	F

6.2.2　双寄存器边沿检测电路

Verilog HDL 可以通过使用 posedge 和 negedge 关键字提取时钟的上升沿和下降沿。但是如果需要在程序块内部提取按键的上升沿或下降沿，由于按键按下的持续时间往往很长，相当于一个电平信号，而不是一个脉冲信号，那么这时就需要使用边沿检测电路将其处理成单时钟周期宽度的脉冲信号。假设按键未按下时为高电平，按下时为低电平，在理想状态下，按键按下时会产生一个下降沿，按键松开时会产生一个上升沿。通常使用时钟信号检测按键输入电平，对比两个相邻时钟上升沿检测到的按键输入电平变化：如果是由 1 变为 0，则说明检测到的是下降沿，同时将该电路称为下降沿检测电路；如果是由 0 变为 1，则说明检测到的是上升沿，同时将该电路称为上升沿检测电路。

边沿检测电路有很多种，如图 6-7（a）所示的是双寄存器下降沿检测电路，如图 6-7（b）所示的是双寄存器上升沿检测电路，这两个电路均包含两个寄存器，因此又称为双寄存器边沿检测电路。

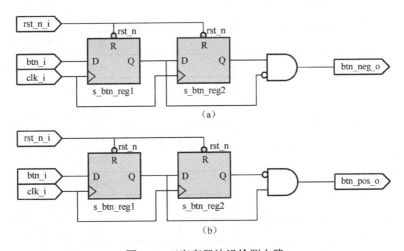

图 6-7　双寄存器边沿检测电路

图 6-7 中的下降沿和上升沿检测电路的时序图如图 6-8 所示。从图中可以看出，对于下降沿检测电路，最终输出的脉冲信号（btn_neg_o）比下降沿延迟了一个时钟周期。同样地，对于上升沿检测电路，最终输出的脉冲信号（btn_pos_o）比上升沿延迟了一个时钟周期。而且它们最终的输出均为一个单时钟周期宽度的脉冲信号。

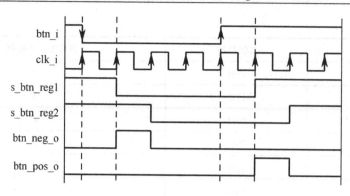

图 6-8　边沿检测电路时序图

如图 6-8 所示，从边沿检测电路时序图中可以看出，删除一个寄存器，依然可以实现边沿检测，那么为什么还要使用双寄存器边沿检测电路呢？因为这种电路不仅具有边沿检测功能，还具有按键去抖功能。在矩阵键盘扫描电路中使用这种方式去抖，而不是基于状态机去抖，可以让电路变得更简洁。

6.2.3　矩阵键盘扫描实验内部电路图

矩阵键盘扫描实验电路有 14 个引脚，引脚名称、类型、约束及描述如表 6-2 所示。

表 6-2　矩阵键盘扫描实验电路引脚说明

引脚名称	引脚类型	引脚约束	引脚描述
clk_i	in	V10	时钟输入，50MHz
rst_n_i	in	N7	复位输入，低电平复位
col_i[0]	in	F18	连接到矩阵键盘的 COL0
col_i[1]	in	F17	连接到矩阵键盘的 COL1
col_i[2]	in	H17	连接到矩阵键盘的 COL2
col_i[3]	in	G18	连接到矩阵键盘的 COL3
row_o[3]	out	E12	连接到矩阵键盘的 ROW3
row_o[2]	out	H18	连接到矩阵键盘的 ROW2
row_o[1]	out	J18	连接到矩阵键盘的 ROW1
row_o[0]	out	C17	连接到矩阵键盘的 ROW0
led_o[3]	out	G16	通过电阻连接到 LED_3
led_o[2]	out	H15	通过电阻连接到 LED_2
led_o[1]	out	F16	通过电阻连接到 LED_1
led_o[0]	out	G14	通过电阻连接到 LED_0

矩阵键盘扫描实验内部电路图如图 6-9 所示。u_clk_gen_50hz 模块用于将 50MHz 的系统时钟分频为 50Hz 的内部时钟，作为 u_row_scan、u_col3_clr_jitter、u_col2_clr_jitter、u_col1_clr_jitter、u_col0_clr_jitter、u_row_delay 和 u_decoder 模块的时钟输入，u_combine_row_col 模块是组合逻辑电路，下面依次对这些模块进行详细介绍。

图 6-9　矩阵键盘扫描实验内部电路图

1. u_row_scan 模块

u_row_scan 模块电路图如图 6-10 所示，该模块的功能是实现 row_o 按照 "0111→1110→
1101→1011→0111" 的顺序循环输出一个行扫描信号，s_row 的初始值为 "0111"。

图 6-10　u_row_scan 模块电路图

2. u_colx_clr_jitter 模块

矩阵键盘扫描实验内部电路图包含 4 个按键去抖模块，分别为 u_col3_clr_jitter、
u_col2_clr_jitter、u_col1_clr_jitter 和 u_col0_clr_jitter，按键去抖模块电路图如图 6-11 所示。
在 6.2.2 节中已经介绍了具有去抖功能的双寄存器边沿检测电路，如图 6-11 所示的按键去抖
电路属于下降沿检测电路。由于与门之后有个非门，所以经过去抖处理之后的 btn_o 是一个
反相脉冲。另外，btn_o 的下降沿在 btn_i 下降沿的基础上延迟了一个时钟周期，按键去抖电
路模块的时序图如图 6-12 所示。

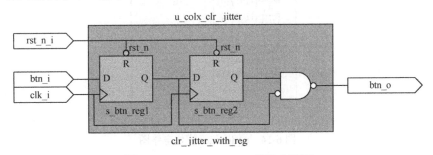

图 6-11　u_colx_clr_jitter 模块电路图

3. u_row_delay 模块

u_row_delay 模块电路图如图 6-13 所示，该模块用于将 row_i 延迟一个时钟周期。因为按键去抖模块不仅对 col_i 进行了去抖处理，还延迟了一个时钟周期，所以通过 u_row_delay 模块对 row_i 延迟一个时钟周期，就可以让行扫描信号和列输入信号的延迟信号 s_row_reg 和 s_col 保持一致，基于 s_row_reg 和 s_col 的拼接信号就可以保证矩阵键盘的译码正确。

图 6-12　u_colx_clr_jitter 模块时序图　　　　图 6-13　u_row_delay 模块电路图

4. u_decoder 模块

u_decoder 模块电路图如图 6-14 所示，该模块的功能是根据 8 位行列编码值，在 led_o 输出对应的按键值。以按键 A 为例，行线按照"0111→1110→1101→1011→0111"的顺序循环，当按键 A 按下且正好行线为 1101 时，列线为 1101，此时的行列编码值才为有效值。在其他情况下，如按键 A 未按下或按键 A 按下但行线不为 1101 时，列线均为 1111，这时的编码值均为无效值。因此，u_decoder 模块中需要一个寄存器 led_o。只有在编码值有效时，led_o 才发生变化；在编码值无效时，led_o 保持不变。

图 6-14　u_decoder 模块电路图

5. u_combine_row_col 模块

u_combine_row_col 模块电路图如图 6-15 所示，这个模块的作用是将 row_i 与 col_i 拼接成一个 8 位行列编码值。其中，row_i 位于高 4 位，col_i 位于低 4 位。

图 6-15　u_combine_row_col 模块电路图

6.3　实　验　步　骤

步骤 1：复制工程文件夹并添加 Verilog 文件

将 "D:\Spartan6FPGATest\Material" 目录中的 exp05_key4x4 文件夹复制到 "D:\Spartan6 FPGATest\Product" 目录中。然后，双击运行 "D:\Spartan6FPGATest\Product\exp05_key4x4\ project" 目录中的 key4x4.xise 文件打开工程。

工程打开后，参考 3.3 节步骤 1，将 "D:\Spartan6FPGATest\Product\exp05_key4x4\code" 目录中的.v 文件和.ucf 文件全部添加到工程中，并将顶层文件设置为 key4x4.v。

步骤 2：完善 row_scan.v 文件

将程序清单 6-1 中的代码输入 row_scan.v 文件中，并参考 2.3 节步骤 5 检查语法。其中，第 16 至 22 行代码可以实现一个循环左移寄存器 s_row。当复位信号 rst_n_i 为 0 时，s_row 为初值 0111。在 clk_i 的上升沿，s_row 执行循环左移操作，即按照 "0111→1110→1101→1011→0111" 的顺序循环左移。

程序清单 6-1

```
1.  //----------------------------------------------------------------
2.  //                       模块定义
3.  //----------------------------------------------------------------
4.  module row_scan(
5.    input  wire        clk_i,    //时钟输入，50MHz
6.    input  wire        rst_n_i,  //复位输入，低电平有效
7.    output wire [3:0] row_o      //行扫描信号输出
8.  );
9.  //----------------------------------------------------------------
10. //                       信号定义
11. //----------------------------------------------------------------
12.   reg [3:0] s_row = 4'b0111;
13. //----------------------------------------------------------------
14. //                       电路实现
15. //----------------------------------------------------------------
16.   always @(posedge clk_i or negedge rst_n_i)
17.   begin
18.     if(rst_n_i == 1'b0)
19.       s_row <= 4'b0111;
20.     else
21.       s_row[3:0] <= {s_row[2:0],s_row[3]};
22.   end
```

```
23.
24.    assign row_o = s_row;
25.
26.  endmodule
```

步骤 3：完善 clr_jitter_with_reg.v 文件

将程序清单 6-2 中的代码输入 clr_jitter_with_reg.v 文件中，并参考 2.3 节步骤 5 检查语法，下面对关键语句进行解释。

（1）第 18 至 24 行代码：实现一个寄存器 s_btn_reg1，寄存器的输入为 btn_i，时钟为 clk_i，复位信号为 rst_n_i。

（2）第 26 至 32 行代码：实现一个寄存器 s_btn_reg2，寄存器的输入为 s_btn_reg1，时钟为 clk_i，复位信号为 rst_n_i，s_btn_reg2 比 s_btn_reg1 延迟了一个时钟周期。

（3）第 34 行代码：将 s_btn_reg1 和取反后的信号 s_btn_reg2 相或，再将相或的结果输出到 btn_o。

程序清单 6-2

```
1.   //---------------------------------------------------------------------
2.   //                            模块定义
3.   //---------------------------------------------------------------------
4.   module clr_jitter_with_reg(
5.     input  wire clk_i,    //时钟输入，50MHz
6.     input  wire rst_n_i,  //复位输入，低电平有效
7.     input  wire btn_i,    //去抖前的按键输入
8.     output wire btn_o     //去抖后的按键输出
9.   );
10.  //---------------------------------------------------------------------
11.  //                            信号定义
12.  //---------------------------------------------------------------------
13.    reg    s_btn_reg1 ;
14.    reg    s_btn_reg2 ;
15.  //---------------------------------------------------------------------
16.  //                            电路实现
17.  //---------------------------------------------------------------------
18.    always @( posedge clk_i or negedge rst_n_i)
19.    begin
20.      if(rst_n_i == 1'b0)
21.        s_btn_reg1 <= 1'b0;
22.      else
23.        s_btn_reg1 <= btn_i;
24.    end
25.
26.    always @( posedge clk_i or negedge rst_n_i)
27.    begin
28.      if(rst_n_i == 1'b0)
29.        s_btn_reg2 <= 1'b0;
30.      else
31.        s_btn_reg2 <= s_btn_reg1;
32.    end
33.
34.    assign btn_o = s_btn_reg1 | !s_btn_reg2;
```

```
35.
36.  endmodule
```

步骤 4：完善 row_delay.v 文件

将程序清单 6-3 中的代码输入 row_delay.v 文件中，并参考 2.3 节步骤 5 检查语法。其中，第 13 至 19 行代码可以实现一个寄存器 row_reg_o，寄存器的输入为 row_i，时钟为 clk_i，复位信号为 rst_n_i，该寄存器的功能是将输入信号 row_i 延迟一个时钟周期。

程序清单 6-3

```
1.   //-----------------------------------------------------------------
2.   //                          模块定义
3.   //-----------------------------------------------------------------
4.   module row_delay(
5.     input  wire        clk_i,     //时钟输入，50MHz
6.     input  wire        rst_n_i,   //复位输入，低电平有效
7.     input  wire [3:0] row_i,      //行扫描信号输入
8.     output reg  [3:0] row_reg_o   //行扫描信号延迟输出
9.   );
10.  //-----------------------------------------------------------------
11.  //                          电路实现
12.  //-----------------------------------------------------------------
13.    always @(posedge clk_i or negedge rst_n_i)
14.    begin
15.      if(rst_n_i == 1'b0)
16.        row_reg_o <= 4'b0000;
17.      else
18.        row_reg_o <= row_i;
19.    end
20.
21.  endmodule
```

步骤 5：完善 combine_row_col.v 文件

将程序清单 6-4 中的代码输入 combine_row_col.v 文件中，并参考 2.3 节步骤 5 检查语法。其中，第 12 行代码用于将行输入信号 row_i 与列输入信号 col_i 拼接，得到一个 8 位行列编码输出信号 row_col_o，row_i 位于高 4 位，col_i 位于低 4 位。

程序清单 6-4

```
1.   //-----------------------------------------------------------------
2.   //                          模块定义
3.   //-----------------------------------------------------------------
4.   module combine_row_col(
5.     input  wire [3:0] row_i,      //行扫描信号输入
6.     input  wire [3:0] col_i,      //列信号输入
7.     output wire [7:0] row_col_o   //行列信号拼接输出
8.   );
9.   //-----------------------------------------------------------------
10.  //                          电路实现
11.  //-----------------------------------------------------------------
12.    assign  row_col_o = {row_i,col_i};
13.
14.  endmodule
```

步骤 6：完善 decoder.v 文件

将程序清单 6-5 中的代码输入 decoder.v 文件中，并参考 2.3 节步骤 5 检查语法。

程序清单 6-5

```
1.   //----------------------------------------------------------------------------
2.   //                              模块定义
3.   //----------------------------------------------------------------------------
4.   module decoder(
5.     input   wire        clk_i,      //时钟输入，50MHz
6.     input   wire        rst_n_i,    //复位输入，低电平有效
7.     input   wire [7:0] row_col_i, //行列信号拼接输入
8.     output  reg  [3:0] led_o       //4 位 LED 输出
9.     );
10.  //----------------------------------------------------------------------------
11.  //                              电路实现
12.  //----------------------------------------------------------------------------
13.    always @( posedge clk_i or negedge rst_n_i)
14.    begin
15.      if(rst_n_i == 1'b0)
16.        led_o <= 4'b0000;
17.      else
18.        case(row_col_i)
19.          8'b01110111 : led_o <= 4'b0000;
20.          8'b01111011 : led_o <= 4'b0001;
21.          8'b01111101 : led_o <= 4'b0010;
22.          8'b01111110 : led_o <= 4'b0011;
23.          8'b10110111 : led_o <= 4'b0100;
24.          8'b10111011 : led_o <= 4'b0101;
25.          8'b10111101 : led_o <= 4'b0110;
26.          8'b10111110 : led_o <= 4'b0111;
27.          8'b11010111 : led_o <= 4'b1000;
28.          8'b11011011 : led_o <= 4'b1001;
29.          8'b11011101 : led_o <= 4'b1010;
30.          8'b11011110 : led_o <= 4'b1011;
31.          8'b11100111 : led_o <= 4'b1100;
32.          8'b11101011 : led_o <= 4'b1101;
33.          8'b11101101 : led_o <= 4'b1110;
34.          8'b11101110 : led_o <= 4'b1111;
35.          default     : ;                  //其余情况下 led_o 值保持不变
36.        endcase
37.    end
38.
39.  endmodule
```

步骤 7：完善 key4x4.v 文件

将程序清单 6-6 中的代码输入 key4x4.v 文件中，并参考 2.3 节步骤 5 检查语法。

程序清单 6-6

```
1.   //----------------------------------------------------------------------------
2.   //                              模块定义
3.   //----------------------------------------------------------------------------
4.   module key4x4(
5.     input   wire        clk_50mhz_i, //时钟输入，50MHz
```

```
6.    input   wire       rst_n_i,        //复位输入，低电平有效
7.    input   wire [3:0] col_i,          //列输入信号
8.    output  wire [3:0] row_o,          //行扫描信号输出
9.    output  wire [3:0] led_o           //4 位 LED 输出
10.    );
11. //--------------------------------------------------------------------
12. //                              信号定义
13. //--------------------------------------------------------------------
14.    wire        s_clk_50hz;
15.    wire [3:0]  s_row;
16.    wire [3:0]  s_col;
17.    wire [3:0]  s_row_reg;
18.    wire [7:0]  s_row_col;
19. //--------------------------------------------------------------------
20. //                              模块例化
21. //--------------------------------------------------------------------
22.    clk_gen_50hz u_clk_gen_50hz
23.    (
24.      .clk_i   (clk_50mhz_i),
25.      .rst_n_i (rst_n_i),
26.      .clk_o   (s_clk_50hz)
27.      );
28.
29.    row_scan u_row_scan
30.    (
31.      .clk_i   (s_clk_50hz),
32.      .rst_n_i (rst_n_i),
33.      .row_o   (s_row)
34.      );
35.
36.    row_delay u_row_delay
37.    (
38.      .clk_i     (s_clk_50hz),
39.      .rst_n_i   (rst_n_i),
40.      .row_i     (s_row),
41.      .row_reg_o (s_row_reg)
42.      );
43.
44.    clr_jitter_with_reg u_col3_clr_jitter_with_reg
45.    (
46.      .clk_i   (s_clk_50hz),
47.      .rst_n_i (rst_n_i),
48.      .btn_i   (col_i[3]),
49.      .btn_o   (s_col[3])
50.      );
51.
52.    clr_jitter_with_reg u_col2_clr_jitter_with_reg
53.    (
54.      .clk_i   (s_clk_50hz),
55.      .rst_n_i (rst_n_i),
56.      .btn_i   (col_i[2]),
57.      .btn_o   (s_col[2])
```

```
58.        );
59.
60.    clr_jitter_with_reg u_col1_clr_jitter_with_reg
61.    (
62.      .clk_i   (s_clk_50hz),
63.      .rst_n_i (rst_n_i),
64.      .btn_i   (col_i[1]),
65.      .btn_o   (s_col[1])
66.      );
67.
68.    clr_jitter_with_reg u_col0_clr_jitter_with_reg
69.    (
70.      .clk_i   (s_clk_50hz),
71.      .rst_n_i (rst_n_i),
72.      .btn_i   (col_i[0]),
73.      .btn_o   (s_col[0])
74.      );
75.
76.    combine_row_col u_combine_row_col
77.    (
78.      .row_i   (s_row_reg),
79.      .col_i   (s_col),
80.      .row_col_o (s_row_col)
81.      );
82.
83.    decoder u_decoder
84.    (
85.      .clk_i   (s_clk_50hz),
86.      .rst_n_i   (rst_n_i),
87.      .row_col_i (s_row_col),
88.      .led_o     (led_o)
89.      );
90.  //------------------------------------------------------------------------------
91.  //                             电路实现
92.  //------------------------------------------------------------------------------
93.    assign row_o = s_row;
94.
95.  endmodule
```

步骤 8：板级验证

本实验已提供完整的引脚约束文件，参考 2.3 节步骤 9，将工程编译生成 .bit 文件，并将其下载到 FPGA 高级开发系统上，然后依次按下矩阵键盘上的按键 $K_0 \sim K_F$，观察发光二极管模块，可以看到发光二极管 $LED_3 \sim LED_0$ 依次按照 "0000→0001→0010→…→1111" 的顺序点亮。

本 章 任 务

在本实验的基础上，将 4 个发光二极管用 FPGA 高级开发系统上的最右侧七段数码管替换，即依次按下矩阵键盘上的 $K_0 \sim K_F$，七段数码管对应显示 0～F。

本 章 习 题

1. 简述矩阵键盘扫描原理。

2. 如何设计一个可以同时检测上升沿和下降沿的电路？

3. 如果在本实验的内部电路中删除 u_row_delay 模块，直接将 s_row 连接到 u_combine_row_col 模块的 row_i 上，则会出现什么现象？

4. 如果在本实验内部电路的 u_decoder 模块中删除寄存器 led_o，直接将选择器的输出连接到 led_o 上，则会出现什么现象？

第7章 OLED 显示实验

本实验首先对 OLED 显示原理及 SSD1306 芯片的工作原理进行详细介绍，然后编写 SSD1963 芯片控制 OLED 模块的驱动程序，最终验证 OLED 驱动程序是否能够正常工作。

7.1 实 验 内 容

通过学习 FPGA 高级开发系统上的 OLED 显示模块、显示原理及 SSD1306 工作原理，基于 FPGA 高级开发系统，编写 OLED 驱动程序。

7.2 实 验 原 理

7.2.1 OLED 显示模块

OLED，即有机发光二极管，又称为有机电激光显示。OLED 同时具备自发光、不需要背光源、对比度高、厚度薄、视角广、反应速度快、可用于挠曲性面板、使用温度范围广、构造及制程较简单等优异特性，被广泛应用于各种产品中。OLED 自发光的特性源于其非常薄的有机材料涂层和玻璃基板，当有电流通过时，这些有机材料就会发光。由于 LCD 需要背光，而 OLED 不需要，因此 OLED 的显示效果比 LCD 好。

图 7-1 OLED 显示效果

FPGA 高级开发系统使用的 OLED 显示模块是一款集 SSD1306 驱动芯片、0.96 英寸 128×64 分辨率显示屏及驱动电路为一体的集成显示屏，可以通过 SPI 接口控制 OLED 显示屏。OLED 显示效果如图 7-1 所示。

OLED 显示模块引脚说明如表 7-1 所示。

表 7-1 OLED 显示模块引脚说明

序 号	名 称	说 明
1	VCC	电源（3.3V）
2	CS（OLED_CS）	片选信号，低电平有效，连接 FPGA 高级开发系统的 F4 引脚
3	RES（OLED_RES）	复位引脚，低电平有效，连接 FPGA 高级开发系统的 E3 引脚
4	D/C（OLED_DC）	数据/命令控制。D/C=1，传输数据；D/C=0，传输命令 连接 FPGA 高级开发系统的 E4 引脚
5	SCK（OLED_SCK）	时钟线，连接 FPGA 高级开发系统的 D3 引脚
6	DIN（OLED_DIN）	数据线，连接 FPGA 高级开发系统的 F5 引脚
7	GND	接地

OLED 显示屏接口电路原理图如图 7-2 所示，将 OLED 显示模块插在 FPGA 高级开发系统的 OLED 显示屏接口（J503）上，就可通过系统控制 OLED 显示屏了。

图 7-2　OLED 显示屏接口电路原理图

OLED 显示模块支持的 SPI 通信模式需要 4 根信号线，分别为 OLED 片选信号 CS、数据/命令控制信号 D/C、串行时钟线 SCK、串行数据线 DIN，以及复位控制线（复位引脚 RES）。因此，只能向 OLED 显示模块写数据而不能读数据。在 SPI 通信模式下，每个数据长度均为 8 位，在 SCK 的上升沿，数据从 DIN 移入 SSD1306，高位在前，写操作时序图如图 7-3 所示。

图 7-3　SPI 通信模式下写操作时序图

7.2.2　SSD1306 的显存

SSD1306 的显存大小为 128×64=8192 位，SSD1306 将这些显存分为 8 页，其对应关系如图 7-4 左上图所示。可以看出，SSD1306 包含 8 页，每页包含 128 字节，即 128×64 点阵。将图 7-4 左上图的 PAGE3 取出并放大，如图 7-4 右上图所示，左上图每个格子表示 1 字节，右上图每个格子表示 1 位。从图 7-4 的右上图和右下图中可以看出，SSD1306 显存中的 SEG62、COM29 位置为 1，屏幕上的 62 列、34 行对应的位置为点亮状态。为什么显存中的列编号与 OLED 显示屏的列编号是对应的，但显存中的行编号与 OLED 显示屏的行编号不对应？这是因为 OLED 显示屏上的列与 SSD1306 显存上的列是一一对应的，而 OLED 显示屏上的行与 SSD1306 显存上的行正好互补，如 OLED 显示屏的第 34 行对应 SSD1306 显存上的 COM29。

7.2.3　SSD1306 常用命令

SSD1306 的命令较多，这里仅介绍几个常用的命令，如表 7-2 所示。如果需了解其他命令，那么可以参考 SSD1306 的数据手册。第 1 组命令用于设置屏幕对比度，该命令由 2 字节组成：第一字节 0x81 为操作码；第二字节为对比度，该值越大，屏幕越亮，对比度的取值范围为 0x00～0xFF。第 2 组命令用于设置显示的开和关，当 X0 为 0 时关闭显示，当 X0 为 1 时开启显示。第 3 组命令用于设置电荷泵，该命令由 2 字节组成：第一字节 0x8D 为操作码；

第二字节的 A2 为电荷泵开关，该位为 1 时开启电荷泵，为 0 时关闭电荷泵。在模块初始化时，电荷泵一定要开启，否则看不到屏幕显示。第 4 组命令用于设置页地址，该命令取值范围为 0xB0～0xB7，对应页 0～7。第 5 组命令用于设置列地址的低 4 位，该命令取值范围为 0x00～0x0F。第 6 组命令用于设置列地址的高 4 位，该命令取值范围为 0x10～0x1F。

图 7-4　SSD1306 显存与显示屏对应关系

表 7-2　SSD1306 常用命令

序号	命令	各位描述								命令	说明
	HEX	D7	D6	D5	D4	D3	D2	D1	D0		
1	81	1	0	0	0	0	0	0	1	设置对比度	A 的值越大屏幕越亮，A 的取值范围为 0x00～0xFF
	A[7:0]	A7	A6	A5	A4	A3	A2	A1	A0		
2	AE/AF	1	0	1	0	1	1	1	X0	设置显示开关	X0=0，关闭显示； X0=1，开启显示
3	8D	1	0	0	0	1	1	0	1	设置电荷泵	A2=0，关闭电荷泵； A2=1，开启电荷泵
	A[7:0]	*	*	0	1	0	A2	0	0		
4	B0～B7	1	0	1	1	0	X2	X1	X0	设置页地址	X[2:0]=0～7 对应页 0～7
5	00～0F	0	0	0	0	X3	X2	X1	X0	设置列地址低 4 位	设置 8 位起始列地址的低 4 位
6	10～1F	0	0	0	1	X3	X2	X1	X0	设置列地址高 4 位	设置 8 位起始列地址的高 4 位

7.2.4　字模选项

字模选项包括点阵格式、取模走向和取模方式。其中，点阵格式分为阴码（1 表示亮，0 表示灭）和阳码（1 表示灭，0 表示亮）；取模走向包括逆向（低位在前）和顺向（高位在前）两种；取模方式包括逐列式、逐行式、列行式和行列式。

本实验的字模选项为"16×16 字体顺向逐列式（阴码）"，以图 7-5 中的"问号"为例来进行说明。由于汉字是方块字，因此 16×16 字体的汉字像素为 16×16，而 16×16 字体的字符（数字、标点符号、英文大写字母和英文小写字母）像素为 16×8。逐列式表示按照列进行取模，左上角的 8 个格子为第 1 字节，高位在前，即 0x00；左下角的 8 个格子为第 2 字节，即

0x00；第 3 字节为 0x0E；第 4 字节为 0x00；依次往下，分别是 0x12、0x00、0x10、0x0C、0x10、0x6C、0x10、0x80、0x0F、0x00、0x00、0x00。

图 7-5　问号的顺向逐列式（阴码）取模示意图

可以看到，字符的取模过程比较复杂。而在 OLED 显示中，常用的字符非常多，有数字、标点符号、英文大写字母、英文小写字母，还有汉字，而且字体和字宽有很多选择。因此，需要借助取模软件。在本书配套资料包的"02.相关软件"目录下的"PCtoLCD2002 完美版"文件夹中，找到并双击 PCtoLCD2002.exe 文件。运行界面如图 7-6（a）所示，单击菜单栏中的"选项"按钮，在如图 7-6（b）所示的对话框中设置"点阵格式""取模走向""自定义格式""取模方式""输出数制"等，然后在图 7-6（a）中间的文本框中尝试输入 OLED12864，并且单击"生成字模"按钮，就可以使用最终生成的字模了（数组格式）。

（a）　　　　　　　　　　　　　　　（b）

图 7-6　取模软件使用方法

7.2.5　ASCII 码表与取模工具

美国信息交换标准代码（American Standard Code for Information Interchange，ASCII）是基于拉丁字母的一套计算机编码系统，主要用于显示现代英语和其他西欧语言，它是现今通用的计算机编码系统。

我们通常使用 OLED 显示数字、标点符号、英文大写字母和英文小写字母。为了方便开发，可以提前通过取模软件取出常用字符的字模，保存到数组。在 OLED 应用设计中，直接调用这些数组就可以将对应字符显示到 OLED 显示屏上。由于 ASCII 码表几乎涵盖了最常使用的字符，因此本实验以 ASCII 码表（详见附录 C）为基础，将其中 95 个字符（ASCII 值为 32～126）生成字模数组。

7.2.6　OLED 显示模块显示流程

OLED 显示模块显示流程如图 7-7 所示。首先，将 OLED 的页设置为空页，共 8 页；接着，设置 OLED 每行待显示的字符，共 4 行；然后将 oled_res_o 拉低 1ms 之后再将 oled_res_o 拉高，对 SSD1306 进行复位；写 30 条初始化指令；指令完成后写地址；写一页数据；一页数据写完后再回到写地址，直到所有地址和数据写完后就完成了 OLED 的显示。

图 7-7　OLED 显示模块显示流程

7.3　实　验　步　骤

步骤 1：复制工程文件夹并添加 Verilog 文件

将"D:\Spartan6FPGATest\Material"目录中的 exp06_oled 文件夹复制到"D:\Spartan6 FPGATest\Product"目录中。然后，双击运行"D:\Spartan6FPGATest\Product\exp06_oled\project"目录中的 oled.xise 文件打开工程。

工程打开后，参考 3.3 节步骤 1，将"D:\Spartan6FPGATest\Product\exp06_oled\code"目录中的.v 文件和.ucf 文件全部添加到工程中，并将顶层文件设置为 oled.v。

步骤 2：完善 oled.v 文件

打开 oled.v 文件，将程序清单 7-1 中的第 2 行代码输入`timescale 1ns / 1ps 的下一行。该行代码的作用是进行文件包含处理。

程序清单 7-1

```
1.  `timescale 1ns / 1ps
2.  `include "oled_define.v"
```

文件包含是指一个源文件可以将另一个源文件的全部内容包含进来，通常是将一些常用的宏定义命令或任务（task）组成一个文件，然后用`include 命令将这些宏定义包含到自己所写的源文件中，相当于使用工业上的标准元件，从而节省程序设计人员的重复劳动。另外，在编写 Verilog HDL 源文件时，一个源文件可能经常要用到另外几个源文件中的模块，遇到这种情况即可使用`include 命令将所需模块的源文件包含进来。

如图 7-8 所示，单击"Files"标签页选项，然后双击打开 oled_define.v 文件进行查看，该文件主要包含在这个工程中会使用到的几个宏定义。

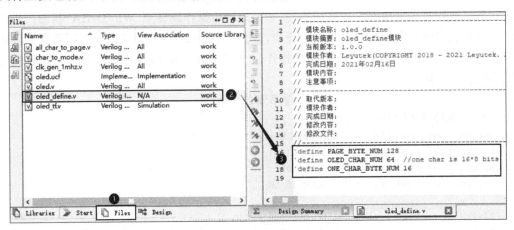

图 7-8　查看 oled_define.v 文件

步骤 3：完善 oled.v 文件的参数定义

将程序清单 7-2 中的代码输入 oled.v 文件的参数定义部分，这部分定义了 oled 模块状态机的 4 个状态。

程序清单 7-2

```
1.  //状态机的状态，wr_init-写初始化命令，wr_addr-写地址，wr_data-写数据
2.  //t_state
3.  parameter RST_OLED = 2'b00;
4.  parameter WR_INIT  = 2'b01;
5.  parameter WR_ADDR  = 2'b10;
6.  parameter WR_DATA  = 2'b11;
```

步骤 4：完善 oled.v 文件的信号定义

将程序清单 7-3 中的代码输入 oled.v 文件的信号定义部分，这部分定义了用于存储 oled 模块状态机当前状态和下一状态的信号。

程序清单 7-3

```
1.  reg [1:0]  curr_state; //当前状态
2.  reg [1:0]  next_state; //下一状态
```

步骤 5：完善 oled.v 文件的电路描述

将程序清单 7-4 中的代码输入 oled.v 文件的电路实现部分，并参考 2.3 节步骤 5 检查语法，下面对关键语句进行解释。

（1）第 2 至 5 行代码：OLED 的 4 行 64 个待显示字符的设置。

（2）第 7 至 13 行代码：产生当前状态的时序逻辑电路，在复位时，curr_state 为复位状态 RST_OLED，在 s_clk_1mhz 上升沿，curr_state 更新为 next_state。

（3）第 15 至 328 行代码：产生下一状态、产生相关信号输出的组合逻辑电路，过程简单描述如下。OLED 状态机分为 4 个状态，分别为复位状态 RST_OLED、写初始化命令状态 WR_INIT、写地址状态 WR_ADDR、写数据状态 WR_DATA。开始时，相关信号和输出首先被赋值为默认值，然后根据当前状态 curr_state 对相应的信号或输出进行赋值，其余未处理信号则保持原默认值不变。当 curr_state 处于 RST_OLED 状态时，通过计数器 s_cnt 进行 1ms 的复位，然后将下一状态 next_state 跳转到 WR_INIT 状态；当处于 WR_INIT 状态时，通过计数器 s_cnt 进行写初始化指令操作，然后跳转到 WR_ADDR 状态；当处于 WR_ADDR 状态时，状态机进行写地址操作，每完成写 3 字节地址后操作跳转至 WR_DATA 状态；当处于 WR_DATA 状态时，进行写一页数据的操作，每一页有 128 字节，完成一页写数据后则跳转至 WR_ADDR 状态进行下一页的写地址操作，一共 8 页，共 24 字节的地址。具体过程可结合图 7-7 进行理解。

程序清单 7-4

```
1.    //设置 OLED 的 4 行 64 个待显示字符
2.    assign s_arr_row0_char = " Spartan6 Board ";
3.    assign s_arr_row1_char = "   2021-01-01   ";
4.    assign s_arr_row2_char = "     Leyutek     ";
5.    assign s_arr_row3_char = "    OLED IS OK    ";
6.
7.    always @( posedge s_clk_1mhz or negedge rst_n_i)
8.    begin
9.      if(rst_n_i == 1'b0)
10.        curr_state <= RST_OLED;
11.      else
12.        curr_state <= next_state;
13.    end
14.
15.    always @ (curr_state or s_cnt or s_wr_data_cnt or s_wr_init_cnt or s_wr_addr_cnt)
16.    begin
17.      //默认值
18.      s_cnt_max          <= 0;
19.      s_start_wr_init_cnt <= 1'b0;
20.      s_start_wr_addr_cnt <= 1'b0;
21.      s_start_wr_data_cnt <= 1'b0;
22.      oled_din_o         <= 1'b0;
23.      oled_cs_o          <= 1'b0;
24.      oled_dc_o          <= 1'b0;
25.      oled_sck_o         <= 1'b0;
26.      oled_res_o         <= 1'b1;
27.      next_state         <= curr_state;
28.
```

```
29.        case(curr_state)
30.          RST_OLED : begin
31.            s_cnt_max <= 1000; //在进行初始化之前，复位 oled 模块 1ms
32.            if(s_cnt < s_cnt_max)
33.              oled_res_o <= 1'b0;
34.             else if(s_cnt == s_cnt_max) begin
35.              oled_res_o <= 1'b1;
36.              next_state <= WR_INIT;
37.            end
38.          end
39.          WR_INIT : begin
40.            s_cnt_max <= 40; //等待 40 个时钟周期
41.            if(s_cnt < s_cnt_max - 16) begin
42.              oled_dc_o  <= 1'b0;
43.              oled_sck_o <= 1'b0;
44.            end
45.            else if(s_cnt == s_cnt_max - 16) begin    //C7
46.              oled_dc_o  <= 1'b0;
47.              oled_sck_o <= 1'b0;
48.              oled_din_o <= s_wr_init[7];
49.            end
50.            else if(s_cnt == s_cnt_max - 15) begin    //C7
51.              oled_dc_o  <= 1'b0;
52.              oled_sck_o <= 1'b1;
53.              oled_din_o <= s_wr_init[7];
54.            end
55.            else if(s_cnt == s_cnt_max - 14) begin    //C6
56.              oled_dc_o  <= 1'b0;
57.              oled_sck_o <= 1'b0;
58.              oled_din_o <= s_wr_init[6];
59.            end
60.            else if(s_cnt == s_cnt_max - 13)  begin   //C6
61.              oled_dc_o  <= 1'b0;
62.              oled_sck_o <= 1'b1;
63.              oled_din_o <= s_wr_init[6];
64.            end
65.            else if(s_cnt == s_cnt_max - 12)  begin   //C5
66.              oled_dc_o  <= 1'b0;
67.              oled_sck_o <= 1'b0;
68.              oled_din_o <= s_wr_init[5];
69.            end
70.            else if(s_cnt == s_cnt_max - 11)  begin   //C5
71.              oled_dc_o  <= 1'b0;
72.              oled_sck_o <= 1'b1;
73.              oled_din_o <= s_wr_init[5];
74.            end
75.            else if(s_cnt == s_cnt_max - 10) begin    //C4
76.              oled_dc_o  <= 1'b0;
77.              oled_sck_o <= 1'b0;
78.              oled_din_o <= s_wr_init[4];
79.            end
80.            else if(s_cnt == s_cnt_max - 9)  begin   //C4
```

```
81.              oled_dc_o   <= 1'b0;
82.              oled_sck_o  <= 1'b1;
83.              oled_din_o  <= s_wr_init[4];
84.          end
85.          else if(s_cnt == s_cnt_max - 8)  begin   //C3
86.              oled_dc_o   <= 1'b0;
87.              oled_sck_o  <= 1'b0;
88.              oled_din_o  <= s_wr_init[3];
89.          end
90.          else if(s_cnt == s_cnt_max - 7)  begin   //C3
91.              oled_dc_o   <= 1'b0;
92.              oled_sck_o  <= 1'b1;
93.              oled_din_o  <= s_wr_init[3];
94.          end
95.          else if(s_cnt == s_cnt_max - 6)  begin   //C2
96.              oled_dc_o   <= 1'b0;
97.              oled_sck_o  <= 1'b0;
98.              oled_din_o  <= s_wr_init[2];
99.          end
100.         else if(s_cnt == s_cnt_max - 5)  begin   //C2
101.             oled_dc_o   <= 1'b0;
102.             oled_sck_o  <= 1'b1;
103.             oled_din_o  <= s_wr_init[2];
104.         end
105.         else if(s_cnt == s_cnt_max - 4)  begin   //C1
106.             oled_dc_o   <= 1'b0;
107.             oled_sck_o  <= 1'b0;
108.             oled_din_o  <= s_wr_init[1];
109.         end
110.         else if(s_cnt == s_cnt_max - 3)  begin   //C1
111.             oled_dc_o   <= 1'b0;
112.             oled_sck_o  <= 1'b1;
113.             oled_din_o  <= s_wr_init[1];
114.         end
115.         else if(s_cnt == s_cnt_max - 2)  begin   //C0
116.             oled_dc_o   <= 1'b0;
117.             oled_sck_o  <= 1'b0;
118.             oled_din_o  <= s_wr_init[0];
119.         end
120.         else if(s_cnt == s_cnt_max - 1)  begin   //C0
121.             oled_dc_o   <= 1'b0;
122.             oled_sck_o  <= 1'b1;
123.             oled_din_o  <= s_wr_init[0];
124.         end
125.         else if(s_cnt == s_cnt_max)  begin //写初始化指令结束
126.             oled_cs_o   <= 1'b1;
127.             oled_dc_o   <= 1'b0;
128.             oled_sck_o  <= 1'b0;
129.             s_start_wr_init_cnt <= 1'b1;
130.             if(s_wr_init_cnt >= 29)
131.                 next_state <= WR_ADDR; //完成写指令操作之后，跳转至 WR_ADDR 状态
132.             end
```

```
133.        end
134.      WR_ADDR : begin
135.        s_cnt_max <= 40; //等待 40 个时钟周期
136.        if(s_cnt < s_cnt_max - 16)    begin
137.          oled_dc_o  <= 1'b0;
138.          oled_sck_o <= 1'b0;
139.        end
140.        else if(s_cnt == s_cnt_max - 16)    begin  //A7
141.          oled_dc_o  <= 1'b0;
142.          oled_sck_o <= 1'b0;
143.          oled_din_o <= s_wr_addr[7];
144.        end
145.        else if(s_cnt == s_cnt_max - 15)  begin  //A7
146.          oled_dc_o  <= 1'b0;
147.          oled_sck_o <= 1'b1;
148.          oled_din_o <= s_wr_addr[7];
149.        end
150.        else if(s_cnt == s_cnt_max - 14)  begin  //A6
151.          oled_dc_o  <= 1'b0;
152.          oled_sck_o <= 1'b0;
153.          oled_din_o <= s_wr_addr[6];
154.        end
155.        else if(s_cnt == s_cnt_max - 13)    begin //A6
156.          oled_dc_o  <= 1'b0;
157.          oled_sck_o <= 1'b1;
158.          oled_din_o <= s_wr_addr[6];
159.        end
160.        else if(s_cnt == s_cnt_max - 12)    begin //A5
161.          oled_dc_o  <= 1'b0;
162.          oled_sck_o <= 1'b0;
163.          oled_din_o <= s_wr_addr[5];
164.        end
165.        else if(s_cnt == s_cnt_max - 11)  begin  //A5
166.          oled_dc_o  <= 1'b0;
167.          oled_sck_o <= 1'b1;
168.          oled_din_o <= s_wr_addr[5];
169.        end
170.        else if(s_cnt == s_cnt_max - 10)  begin  //A4
171.          oled_dc_o  <= 1'b0;
172.          oled_sck_o <= 1'b0;
173.          oled_din_o <= s_wr_addr[4];
174.        end
175.        else if(s_cnt == s_cnt_max - 9)  begin  //A4
176.          oled_dc_o  <= 1'b0;
177.          oled_sck_o <= 1'b1;
178.          oled_din_o <= s_wr_addr[4];
179.        end
180.        else if(s_cnt == s_cnt_max - 8)  begin  //A3
181.          oled_dc_o  <= 1'b0;
182.          oled_sck_o <= 1'b0;
183.          oled_din_o <= s_wr_addr[3];
184.        end
```

```
185.          else if(s_cnt == s_cnt_max - 7)  begin   //A3
186.             oled_dc_o  <= 1'b0;
187.             oled_sck_o <= 1'b1;
188.             oled_din_o <= s_wr_addr[3];
189.          end
190.          else if(s_cnt == s_cnt_max - 6)  begin   //A2
191.             oled_dc_o  <= 1'b0;
192.             oled_sck_o <= 1'b0;
193.             oled_din_o <= s_wr_addr[2];
194.          end
195.          else if(s_cnt == s_cnt_max - 5)  begin   //A2
196.             oled_dc_o  <= 1'b0;
197.             oled_sck_o <= 1'b1;
198.             oled_din_o <= s_wr_addr[2];
199.          end
200.          else if(s_cnt == s_cnt_max - 4)  begin  //A1
201.             oled_dc_o  <= 1'b0;
202.             oled_sck_o <= 1'b0;
203.             oled_din_o <= s_wr_addr[1];
204.          end
205.          else if(s_cnt == s_cnt_max - 3)  begin  //A1
206.             oled_dc_o  <= 1'b0;
207.             oled_sck_o <= 1'b1;
208.             oled_din_o <= s_wr_addr[1];
209.          end
210.          else if(s_cnt == s_cnt_max - 2)  begin  //A0
211.             oled_dc_o  <= 1'b0;
212.             oled_sck_o <= 1'b0;
213.             oled_din_o <= s_wr_addr[0];
214.          end
215.          else if(s_cnt == s_cnt_max - 1)  begin  //A0
216.             oled_dc_o  <= 1'b0;
217.             oled_sck_o <= 1'b1;
218.             oled_din_o <= s_wr_addr[0];
219.          end
220.          else if(s_cnt == s_cnt_max)    begin//写 1 字节地址结束
221.             oled_cs_o  <= 1'b1;
222.             oled_dc_o  <= 1'b0;
223.             oled_sck_o <= 1'b0;
224.             s_start_wr_addr_cnt <= 1'b1;
225.             next_state <= WR_ADDR;
226.             if(s_wr_addr_cnt == 2 || s_wr_addr_cnt == 5 || s_wr_addr_cnt == 8 || s_wr_addr_cnt == 11 ||
227.                s_wr_addr_cnt == 14 || s_wr_addr_cnt == 17 || s_wr_addr_cnt == 20 || s_wr_addr_cnt == 23)
228.                next_state <= WR_DATA; //完成写地址（3 字节）操作之后，跳转至 WR_DATA 状态
229.          end
230.       end
231.    WR_DATA : begin
232.       s_cnt_max <= 40; //等待 40 个时钟周期
233.       if(s_cnt < s_cnt_max - 16)  begin
234.          oled_dc_o  <= 1'b1;
235.          oled_sck_o <= 1'b0;
236.       end
```

```
237.        else if(s_cnt == s_cnt_max - 16) begin    //D0
238.         oled_dc_o  <= 1'b1;
239.         oled_sck_o <= 1'b0;
240.         oled_din_o <= s_wr_data[7];
241.        end
242.        else if(s_cnt == s_cnt_max - 15) begin    //D0
243.         oled_dc_o  <= 1'b1;
244.         oled_sck_o <= 1'b1;
245.         oled_din_o <= s_wr_data[7];
246.        end
247.        else if(s_cnt == s_cnt_max - 14) begin   //D1
248.         oled_dc_o  <= 1'b1;
249.         oled_sck_o <= 1'b0;
250.         oled_din_o <= s_wr_data[6];
251.        end
252.        else if(s_cnt == s_cnt_max - 13) begin   //D1
253.         oled_dc_o  <= 1'b1;
254.         oled_sck_o <= 1'b1;
255.         oled_din_o <= s_wr_data[6];
256.        end
257.        else if(s_cnt == s_cnt_max - 12) begin   //D2
258.         oled_dc_o  <= 1'b1;
259.         oled_sck_o <= 1'b0;
260.         oled_din_o <= s_wr_data[5];
261.        end
262.        else if(s_cnt == s_cnt_max - 11) begin   //D2
263.         oled_dc_o  <= 1'b1;
264.         oled_sck_o <= 1'b1;
265.         oled_din_o <= s_wr_data[5];
266.        end
267.        else if(s_cnt == s_cnt_max - 10) begin    //D3
268.         oled_dc_o  <= 1'b1;
269.         oled_sck_o <= 1'b0;
270.         oled_din_o <= s_wr_data[4];
271.        end
272.        else if(s_cnt == s_cnt_max - 9) begin   //D3
273.         oled_dc_o  <= 1'b1;
274.         oled_sck_o <= 1'b1;
275.         oled_din_o <= s_wr_data[4];
276.        end
277.        else if(s_cnt == s_cnt_max - 8) begin   //D4
278.         oled_dc_o  <= 1'b1;
279.         oled_sck_o <= 1'b0;
280.         oled_din_o <= s_wr_data[3];
281.        end
282.        else if(s_cnt == s_cnt_max - 7) begin   //D4
283.         oled_dc_o  <= 1'b1;
284.         oled_sck_o <= 1'b1;
285.         oled_din_o <= s_wr_data[3];
286.        end
287.        else if(s_cnt == s_cnt_max - 6) begin   //D5
288.         oled_dc_o  <= 1'b1;
```

```
289.              oled_sck_o <= 1'b0;
290.              oled_din_o <= s_wr_data[2];
291.           end
292.           else if(s_cnt == s_cnt_max - 5) begin   //D5
293.              oled_dc_o  <= 1'b1;
294.              oled_sck_o <= 1'b1;
295.              oled_din_o <= s_wr_data[2];
296.           end
297.           else if(s_cnt == s_cnt_max - 4) begin   //D6
298.              oled_dc_o  <= 1'b1;
299.              oled_sck_o <= 1'b0;
300.              oled_din_o <= s_wr_data[1];
301.           end
302.           else if(s_cnt == s_cnt_max - 3) begin   //D6
303.              oled_dc_o  <= 1'b1;
304.              oled_sck_o <= 1'b1;
305.              oled_din_o <= s_wr_data[1];
306.           end
307.           else if(s_cnt == s_cnt_max - 2) begin   //D7
308.              oled_dc_o  <= 1'b1;
309.              oled_sck_o <= 1'b0;
310.              oled_din_o <= s_wr_data[0];
311.           end
312.           else if(s_cnt == s_cnt_max - 1) begin   //D7
313.              oled_dc_o  <= 1'b1;
314.              oled_sck_o <= 1'b1;
315.              oled_din_o <= s_wr_data[0];
316.           end
317.           else if(s_cnt == s_cnt_max)    begin//写数据结束
318.              oled_cs_o  <= 1'b1;
319.              oled_dc_o  <= 1'b1;
320.              oled_sck_o <= 1'b0;
321.              s_start_wr_data_cnt <= 1'b1; //更新数据
322.              next_state <= WR_DATA;
323.              if(s_wr_data_cnt >= 127)
324.                next_state<= WR_ADDR; //完成写一页数据操作之后，跳转至 WR_ADDR 状态
325.           end
326.         end
327.      endcase
328.    end
```

步骤 6：仿真测试

检查完 oled.v 文件的语法之后，对 oled 模块进行仿真，本实验已经提供了完整的测试文件 oled_tf.v，可以直接参考 2.3 节步骤 7 对 oled 模块进行仿真。结果如图 7-9 所示，可以看到各输出端口的时序变化。

步骤 7：板级验证

本实验已提供完整的引脚约束文件，参考 2.3 节步骤 9，将工程编译生成.bit 文件，并且将其下载到 FPGA 高级开发系统上，可以看到 OLED 亮起，实验结果如图 7-10 所示。

图 7-9　查看仿真结果

图 7-10　OLED 实验结果

本 章 任 务

在本实验的基础上，增加 OLED 的电子钟显示模块，第 1 行显示实验名称，第 2 行显示实验日期，第 3 行动态显示电子钟时间，初始时间为"23-59-50"，第 4 行则显示实验作者名字缩写，显示效果如图 7-11 所示。

图 7-11　本章任务显示效果

本 章 习 题

1. 简述 OLED 显示原理。
2. 简述 SSD1306 芯片的工作原理。
3. 简述 SSD1306 芯片控制 OLED 显示的原理。
4. OLED 的特点及与 LCD 的区别是什么？
5. 简述 OLED 显示操作流程。
6. 画出 OLED 显示模块状态机的状态转换图，并对状态转换条件加以说明。

第8章 串口通信实验

串口的全称为串行接口，也称为串行通信接口，是采用串行通信方式的扩展接口。与串口相对的是并口，数据以并行的方式传输。采用串口通信方式的数据是逐位按顺序传输的，每次只发送 1 位。本章将详细介绍串口 UART 的通信原理及硬件电路设计，并使用 Verilog HDL 实现串口的发送、接收设计，达到在 FPGA 高级开发系统与 PC 端之间进行通信的目的。

8.1 实 验 内 容

基于 FPGA 高级开发系统设计一个串口通信实验，计算机上的串口助手向 FPGA 高级开发系统发送数据，系统收到之后再向计算机发送收到的数据，并在计算机上通过串口助手显示。例如，计算机通过串口助手向系统发送"12 34 56"，系统收到之后，向计算机发送相同的数据，并在串口助手上显示"12 34 56"。

8.2 实 验 原 理

8.2.1 UART 电路原理图

FPGA 高级开发系统上 XC6SLX16 芯片的 D17 引脚连接 CH330N 芯片的 RXD 引脚，D17 引脚作为 UART_TX 端口；C18 引脚连接 TXD 引脚，C18 引脚作为 UART_RX 端口。现在的计算机基本都不再配置 UART 接口，因此需要将 UART 信号经由 FPGA 高级开发系统上的 USB 转到 UART 模块再转换为 USB 信号（D+和 D-）。这样，通过 USB 连接线，即可实现计算机与 XC6SLX16 芯片之间的通信。UART 电路原理图如图 8-1 所示。

图 8-1　UART 电路原理图

8.2.2　UART 通信协议

与 SPI、I²C 等同步传输方式不同，UART 只需要一根线就可以实现数据的通信，但 UART 的传输速率相对较低。下面详细介绍 UART 通信协议及其相关原理。

1．UART 物理层

UART 采用异步串行全双工通信方式，因此 UART 通信没有时钟线，通过两根数据线即可实现双向同时传输。收发数据只能一位一位地在各自的数据线上传输，因此 UART 最多只有两根数据线，一根是发送数据线，另一根是接收数据线。数据线中的数据传输是高低逻辑电平传输，因此还必须有参照的地线。最简单的 UART 接口由发送数据线 TXD、接收数据线 RXD 和 GND 线组成。

UART 一般采用 TTL/CMOS 逻辑电平标准表示数据，逻辑 1 用高电平表示，逻辑 0 用低电平表示。例如，在 TTL 电平标准中，逻辑 1 用 5V 表示，逻辑 0 用 0V 表示；在 CMOS 电平标准中，逻辑 1 的电平接近于电源电平，逻辑 0 的电平接近于 0V。

两个 UART 设备的连接非常简单，如图 8-2 所示，将 UART 设备 A 的发送数据线 TXD 与 UART 设备 B 的接收数据线 RXD 连接，将 UART 设备 A 的接收数据线 RXD 与 UART 设备 B 的发送数据线 TXD 连接，由于两个 UART 设备必须共地连接，因此将两个设备的 GND 线连接。

2．UART 数据帧格式

UART 数据按照一定的格式打包成帧，微控制器或计算机在物理层上是以帧为单位进行传输的。UART 的一帧数据由起始位、数据位、校验位、停止位和空闲位组成，如图 8-3 所示。需要说明的是，一个完整的 UART 数据帧必须有起始位、数据位和停止位，但不一定有校验位和空闲位。

图 8-2　两个 UART 设备连接

图 8-3　UART 数据帧格式

（1）起始位的长度为 1 位，起始位的逻辑电平为低电平。由于 UART 空闲状态时的电平为高电平，因此在每个数据帧的开始，需要先发出一个逻辑 0，表示传输开始。

（2）数据位的长度通常为 8 位，也可以为 9 位；每个数据位的值可以为逻辑 0，也可以为逻辑 1，而且传输采用的是小端方式，即最低位（D0）在前，最高位（D7）在后。

（3）校验位不是必需项，因此可以将 UART 配置为没有校验位，即不对数据位进行校验；也可以将 UART 配置为带奇偶校验位。如果配置为带奇偶校验位，则校验位的长度为 1 位，校验位的值可以为逻辑 0，也可以为逻辑 1。在奇校验方式下，如果数据位中有奇数个逻辑 1，则校验位为 0；如果数据位中有偶数个逻辑 1，则校验位为 1。在偶校验方式下，如果数据位中有奇数个逻辑 1，则校验位为 1；如果数据位中有偶数个逻辑 1，则校验位为 0。

（4）停止位的长度可以是 1 位、1.5 位或 2 位，通常情况下停止位是 1 位。停止位是一帧数据的结束标志，由于起始位是低电平的，因此停止位为高电平。

（5）空闲位是当数据传输完毕后，线路上保持逻辑 1 电平的位，表示当前线路上没有数据传输。

3．UART 传输速率

UART 传输速率用比特率来表示。比特率是每秒传输的二进制位数，单位为 bit/s（bit per second）。波特率是每秒传送码元的个数，单位为 baud。由于 UART 使用 NRZ（Non-Return to Zero，不归零）编码，因此 UART 的波特率和比特率数值是相同的。在实际应用中，常用的 UART 传输速率有 1200bit/s、2400bit/s、4800bit/s、9600bit/s、19200bit/s、38400bit/s、57600bit/s 和 115200bit/s。

假设数据位为 8 位，校验为奇校验，停止位为 1 位，波特率为 115200baud，计算每 2ms 最多可以发送多少字节数据。通过计算可知一帧数据有 11 位（1 位起始位+8 位数据位+1 位校验位+1 位停止位），而且波特率为 115200 baud，即每秒传输 115200bit，每毫秒传输 115.2bit，由于每帧数据有 11 位，那么每毫秒就可以传输 10 字节数据，2ms 就可以传输 20 字节数据。

综上所述，UART 是以帧为单位进行数据传输的。一个 UART 数据帧由 1 位起始位、5～9 位数据位、0 位/1 位校验位、1 位/1.5 位/2 位停止位组成。除了起始位，其他 3 部分必须在通信前由通信双方设定好，即通信前必须确定数据位和停止位的位数、校验方式，以及波特率。这就相当于两个人在电话交谈之前，要先确定好交谈所使用的语言，否则，一方使用英语，另一方使用汉语，就无法进行有效的交流。

4．UART 通信实例

由于 UART 是异步串行通信，所以没有时钟线，只有数据线。拿到一个 UART 原始波形，如何确定一帧数据，又如何计算传输的是什么数据呢？下面以一个 UART 波形为例进行讲解，假设 UART 波特率为 115200baud，数据位为 8 位，无奇偶校验位，停止位为 1 位。

第1步：采集到的原始波形

第2步：按照波特率进行中值采样

第3步：确定起始位、数据位和停止位

图 8-4　UART 通信实例时序图

如图 8-4 所示，第 1 步，获取 UART 原始波形数据；第 2 步，按照波特率进行中值采样，每位的时间宽度为 1/115200s≈8.68μs，将电平第一次由高到低的转换点作为基准点（0μs 时刻），在 4.34μs 时刻采样第 1 个点，在 13.02μs 时刻采样第 2 个点，以此类推，最后判断第 10 个采样点是否为高电平，如果为高电平，表示完成一帧数据的采样；第 3 步，确定起始位、数据位和停止位，采样的第 1 个点即为起始位，起始位为低电平，采样的第 2 个点至第 9 个点为数据位，其中第 2 个点为数据最低位，第 9 个点为数据最高位，第 10 个点为停止位，并且停止位为高电平。

8.2.3　串口通信实验状态机

串口发送状态机转换图如图 8-5 所示，分为初始空闲状态 TX_IDLE、起始状态

TX_START、发送数据状态 TX_DATA、校验状态 TX_CHECK 和结束状态 TX_END。①FIFO 为空时为空闲状态 TX_IDLE，复位时进入该状态；②检测到 FIFO 不为空且未计数到一个时钟周期时为起始状态 TX_START；③计数到一个时钟周期且未完成 8 次发送时为发送数据状态 TX_DATA；④计数到一个时钟周期且已完成 8 次发送，同时已开启校验和时为校验状态 TX_CHECK；⑤计数到一个时钟周期且未完成 3 次发送时为结束状态 TX_END。

图 8-5 串口发送状态机转换图

串口发送状态转换条件如表 8-1 所示。

表 8-1 串口发送状态转换条件

当前状态	下一状态	转换条件
TX_IDLE	TX_IDLE	检测到 FIFO 为空
TX_IDLE	TX_START	检测到 FIFO 不为空，说明有数据待发送，从 TX_IDLE 状态跳转到 TX_START 状态准备发送数据
TX_START	TX_START	未计到一个时钟周期
TX_START	TX_DATA	计数到一个时钟周期
TX_DATA	TX_DATA	计数到一个时钟周期且未完成 8 次发送或未计数到一个时钟周期
TX_DATA	TX_END	计数到一个时钟周期且已完成 8 次发送，同时未开启校验和
TX_DATA	TX_CHECK	计数到一个时钟周期且已完成 8 次发送，同时已开启校验和
TX_CHECK	TX_CHECK	未计数到一个时钟周期
TX_CHECK	TX_END	计数到一个时钟周期
TX_END	TX_END	计数到一个时钟周期且未完成 3 次发送或未计数到一个时钟周期
TX_END	TX_IDLE	计数到一个时钟周期且已完成 3 次发送

串口接收状态机转换图如图 8-6 所示，分为初始空闲状态 RX_IDLE、起始状态 RX_START、接收数据状态 RX_DATA、校验状态 RX_CHECK 和结束状态 RX_END。①未检测到串口接收端下降沿时为空闲状态 RX_IDLE，复位时进入该状态；②检测到串口接收端下降沿且未计数到中值采样点时为起始状态 RX_START；③计数到中值采样点且未完成 8 次采样时为接收数据状态 RX_DATA；④计数到中值采样点且已完成 8 次采样，同时已开启校验

和时为校验状态 RX_CHECK；⑤计数到中值采样点且已完成 8 次采样，同时未开启校验和或校验和正确时为结束状态 RX_END。

图 8-6　串口接收状态机转换图

串口接收状态转换条件如表 8-2 所示。

表 8-2　串口接收状态转换条件

当 前 状 态	下 一 状 态	转 换 条 件
RX_IDLE	RX_IDLE	未检测到串口接收端下降沿
RX_IDLE	RX_START	检测到串口接收端下降沿
RX_START	RX_START	未计数到中值采样点
RX_START	RX_IDLE	计数到中值采样点且采样点为高电平
RX_START	RX_DATA	计数到中值采样点且采样点为低电平
RX_DATA	RX_DATA	计数到中值采样点且未完成 8 次采样或未计数到中值采样点
RX_DATA	RX_END	计数到中值采样点且已经完成 8 次采样，同时未开启校验和
RX_DATA	RX_CHECK	计数到中值采样点且已完成 8 次采样，同时已开启校验和
RX_CHECK	RX_CHECK	未计数到中值采样点
RX_CHECK	RX_IDLE	计数到中值采样点且校验和错误
RX_CHECK	RX_END	计数到中值采样点且校验和正确
RX_END	RX_END	未计数到中值采样点
RX_END	RX_IDLE	计数到中值采样点

8.2.4　串口通信实验内部电路图

串口通信实验电路有 4 个引脚，引脚的名称、类型、约束及描述如表 8-3 所示。

表 8-3　串口通信实验电路引脚说明

引 脚 名 称	引 脚 类 型	引 脚 约 束	引 脚 描 述
clk_i	in	V10	时钟输入，50MHz

引 脚 名 称	引 脚 类 型	引 脚 约 束	引 脚 描 述
rst_n_i	in	N7	复位输入，低电平复位
uart_rx_i	in	C18	串口接收端
uart_tx_o	out	D17	串口发送端

串口通信实验内部电路图如图 8-7 所示。串口接收模块 u_uart_rec 用于从 uart_rx_i 接收数据，并通过 rx_data_o 将数据并行输出到 u_uart_fifo 模块中缓存，同时产生一个并行数据写脉冲 rx_wr_en_o。缓存模块 u_uart_fifo 用于数据缓存，当并行数据写脉冲 rx_wr_en_o 为高电平时，rx_data_o 中的数据被写入 FIFO 中缓存；当并行数据读脉冲 tx_rd_en_o 为高电平时，FIFO 中的数据被 tx_data_i 读取，同时通过 u_uart_fifo 模块的 empty 输出可以判断 FIFO 内数据是否为空，当 empty 为高电平时，FIFO 为空。串口发送模块 u_uart_trans 用于从 u_uart_fifo 模块中读取并行数据 tx_data_i，将其通过 tx_o 发送出去，同时产生一个并行数据读脉冲 tx_rd_en_o。下面对 u_uart_rec 模块和 u_uart_trans 模块进行详细介绍。

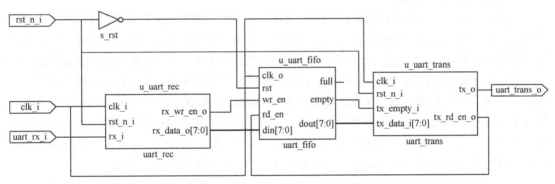

图 8-7　串口通信实验内部电路图

1. u_uart_rec 模块

u_uart_rec 模块的时序图如图 8-8 所示。假设串口接收端收到的一帧数据为 0110101001，包括 1 个起始位、8 个数据位、1 个停止位，无奇偶校验位。下面是 u_uart_rec 模块的一些主要信号的时序变化：s_rx_clk_cnt 为串口接收模块的系统时钟计数器；s_rx_bit_cnt 为串口接收数据的位计数器，用于读取 8 个数据位；curr_state 为当前状态；rx_data_o 为模块数据并行输出；rx_wr_en_o 为并行数据写脉冲。其中，系统时钟计数器 s_rx_clk_cnt 按照 "000000000→000000001→…→110110001" 的顺序进行循环计数，计数的时钟周期 T 为 8.68μs，即波特率为 115200baud 时接收一位数据所需要的时间。当 rx_i 首次由高电平变为低电平时，系统时钟计数器开始计数。第 1 次只需要计数半个时钟周期 $0.5T$，之后每次计数一个时钟周期 T，这样就能在每位数据的中间点进行数据采样。curr_state 状态的转换和 rx_data_o 数据的更新都是根据系统时钟计数器是否完成一个周期的计数进行变化的，从串口读取到的数据会通过逻辑右移的方式存储在并行数据的最高位，最终得到的数据为 00101011。最后，在结束 RX_END 状态时，会产生一个脉宽为 20ns 的并行数据写脉冲，将得到的并行数据写入 FIFO 中。

图 8-8　u_uart_rec 模块时序图

2. u_uart_trans 模块

u_uart_trans 模块时序图如图 8-9 所示。假设串口要发送的数据为 11010100，模式为无校验模式。下面是 u_uart_trans 模块的一些主要信号的时序变化：s_tx_clk_cnt 为串口发送模块的系统时钟计数器；s_tx_bit_cnt 为串口发送数据的位计数器，用于计算发送的数据位和停止位个数；curr_state 为当前状态；tx_data_i 为模块的数据并行输入；tx_rd_en_o 为并行数据读脉冲。系统时钟计数器 s_tx_clk_cnt 按照"000000000→000000001→…→110110001"的顺序进行循环计数，计数的时钟周期 T 为 8.68μs，即波特率为 115200baud 时发送一位数据所需要的时间。当检测到 tx_empty_i 为低电平（FIFO 不为空）时，tx_rd_en_o 输出一个脉宽为 20ns 的并行数据读脉冲信号，tx_data_i 从 u_uart_fifo 中读取要发送的并行数据，同时系统时钟计数器开始计数。在每次系统时钟计数器完成一次周期性计数时，依次进行起始位、8 个数据位和停止位的串行输出。同时，在输出停止位后再次输出 3 次才进入 TX_IDLE 状态，以确保对方能准确接收停止信号。

图 8-9　u_uart_trans 模块时序图

8.3　实　验　步　骤

步骤 1：复制工程文件夹并添加 Verilog 文件

将"D:\Spartan6FPGATest\Material"目录中的 exp07_uart 文件夹复制到"D:\Spartan6FPGATest\Product"目录中。然后，双击运行"D:\Spartan6FPGATest\Product\ exp07_uart\project"目录中的 uart.xise 文件打开工程。

工程打开后，参考 3.3 节步骤 1，将"D:\Spartan6FPGATest\Product\exp07_uart\code"目录中的.v 文件和.ucf 文件全部添加到工程中，并且将顶层文件设置为 uart.v。

步骤 2：完善 uart_trans.v 文件

参考程序清单 8-1 中的代码，完善 uart_trans.v 文件的参数定义、信号定义和电路实现部分，并参考 2.3 节步骤 5 检查语法，下面对关键语句进行解释。

（1）第 8 至 13 行代码：定义了串口发送状态机的 5 个状态，分别为初始空闲状态 TX_IDLE、起始状态 TX_START、发送数据状态 TX_DATA、校验状态 TX_CHECK 和结束状态 TX_END。

（2）第 34 至 40 行代码：产生当前状态的时序逻辑电路，当 rst_n_i 为 0 复位时，状态机当前状态 curr_state 为 TX_IDLE，在 clk_i 的上升沿，curr_state 更新为 next_state。

（3）第 42 至 91 行代码：产生下一状态、产生输出的组合逻辑电路，可以参考图 8-5 中的状态转换示意图和表 8-1 中的状态转换条件。

（4）第 165 至 202 行代码：读取并行数据。当 rst_n_i 为 0 复位时，s_tx_data 和 s_data_buf 为 0。在 clk_i 的上升沿，当 curr_state 为 TX_IDLE 时，s_tx_data 和 s_data_buf 为 0；当 curr_state 为 TX_START 时，在计数到一个时钟周期后读取 tx_data_i 的数据存储在 s_tx_data 和 s_data_buf 中；当 curr_state 为 TX_DATA 时，在计数到一个时钟周期后对 s_tx_data 进行循环右移操作，s_data_buf 保持不变；当 curr_state 为 TX_CHECK 和 TX_END 时，s_tx_data 清零，s_data_buf 保持不变。

（5）第 204 至 228 行：产生并行数据读脉冲。当 rst_n_i 为 0 复位时，tx_rd_en_o 为 0。在 clk_i 的上升沿，当 curr_state 为 TX_IDLE 时，如果 tx_empty_i 为 0，则 tx_rd_en_o 置为高电平，其余情况及其他状态下 tx_rd_en_o 均为低电平，由此产生一个读脉冲。

（6）第 230 至 259 行：数据的发送。当 rst_n_i 为 0 复位时，tx_o 为 1。在 clk_i 的上升沿，当 curr_state 为 TX_IDLE 时，tx_o 为 1；当 curr_state 为 TX_START 时，tx_o 为 0；当 curr_state 为 TX_DATA 时，如果时钟计数器为 0，则将 s_tx_data[0]赋值给输出 tx_o，实现并行数据与串行数据的转换；当 curr_state 为 TX_CHECK 时，如果是校验模式，则将 s_data_buf 每位异或后的结果赋值给输出 tx_o，否则将异或后再取反的结果赋值给输出 tx_o；当 curr_state 为 TX_END 时，输出 tx_o 为 1。

程序清单 8-1

```
1.  //------------------------------------------------------------------------
2.  //                          参数定义
3.  //------------------------------------------------------------------------
4.      parameter TX_BAUD_RATE  = 20'd115200; //串口发送数据波特率
5.      parameter TX_CHECK_SW   = `CHECK_OFF; //发送模块的校验开关
6.      parameter TX_CHECK_MODE = `CHECK_EVEN; //发送模块的校验模式
7.
8.      //状态定义
9.      parameter TX_IDLE  = 3'b000;
```

```
10.     parameter TX_START = 3'b001;
11.     parameter TX_DATA  = 3'b010;
12.     parameter TX_CHECK = 3'b011;
13.     parameter TX_END   = 3'b100;
14.
15.     parameter s_tx_freq_div_num = `SYS_CLK_FREQ / TX_BAUD_RATE; //发送/接收 1 位所需的时钟计数
16.  //-------------------------------------------------------------------------
17.  //                              信号定义
18.  //-------------------------------------------------------------------------
19.     wire s_check_sw   = TX_CHECK_SW;   //校验开关
20.     wire s_check_mode = TX_CHECK_MODE; //校验模式
21.
22.     reg [7:0] s_data_buf; //用于存放数据，以判断奇偶校验位
23.
24.     reg [2:0] curr_state; //当前状态
25.     reg [2:0] next_state; //下一状态
26.
27.     integer   s_tx_clk_cnt; //时钟计数器
28.     reg [2:0] s_tx_bit_cnt; //串口发送数据的位计数器
29.
30.     reg [7:0] s_tx_data; //并行数据
31.  //-------------------------------------------------------------------------
32.  //                              电路实现
33.  //-------------------------------------------------------------------------
34.     always @( posedge clk_i or negedge rst_n_i)
35.     begin
36.       if(rst_n_i == 1'b0 )
37.         curr_state <= TX_IDLE;
38.       else
39.         curr_state <= next_state;
40.     end
41.
42.     always @(curr_state or tx_empty_i or s_tx_clk_cnt or s_tx_freq_div_num or s_tx_bit_cnt or
     s_check_sw)
43.     begin
44.       case(curr_state)
45.         TX_IDLE : begin
46.           if(tx_empty_i == 1'b0)  //表示有并行数据等待传输
47.             next_state <= TX_START;
48.           else
49.             next_state <= TX_IDLE;
50.         end
51.         TX_START : begin
52.           if(s_tx_clk_cnt == (s_tx_freq_div_num - 1))
53.             next_state <= TX_DATA;
54.           else
55.             next_state <= TX_START;
56.         end
57.         TX_DATA : begin
58.           if(s_tx_clk_cnt == (s_tx_freq_div_num - 1)) begin
59.             if(s_tx_bit_cnt == 3'h7) begin  //每字节有 8 位
60.               if(s_check_sw==1'b1)
```

```
61.                    next_state <= TX_CHECK;  //如果校验开关打开，则跳转至 TX_CHECK
62.               else
63.                    next_state <= TX_END;  //如果校验开关未打开，则跳转至 TX_END
64.               end
65.             else
66.               next_state <= TX_DATA;
67.             end
68.           else
69.             next_state <= TX_DATA;
70.         end
71.         TX_CHECK : begin
72.           //表示数据位的中间时刻，即在校验位的中间时刻进行采样
73.           if(s_tx_clk_cnt == (s_tx_freq_div_num - 1))
74.             next_state <= TX_END;
75.           else
76.             next_state <= TX_CHECK;
77.         end
78.         TX_END : begin
79.           if(s_tx_clk_cnt == (s_tx_freq_div_num - 1))begin
80.             //在停止位之后再发送 3 次数据才跳转至 TX_IDLE
81.             if(s_tx_bit_cnt == 3'h3)
82.               next_state <= TX_IDLE;
83.             else
84.               next_state <= TX_END;
85.             end
86.           else
87.             next_state <= TX_END;
88.         end
89.         default : ;
90.       endcase
91.     end
92.
93.     //系统时钟计数器
94.     always @( posedge clk_i or negedge rst_n_i)
95.     begin
96.       if(rst_n_i == 1'b0)
97.         s_tx_clk_cnt <= 0;
98.       else begin
99.         case(curr_state )
100.          TX_IDLE :
101.            s_tx_clk_cnt <= 0;
102.          TX_START : begin
103.            if(s_tx_clk_cnt == (s_tx_freq_div_num - 1))
104.              s_tx_clk_cnt <= 0;
105.            else
106.              s_tx_clk_cnt <= s_tx_clk_cnt + 1;
107.          end
108.          TX_DATA : begin
109.            if(s_tx_clk_cnt == (s_tx_freq_div_num - 1))
110.              s_tx_clk_cnt <= 0;
111.            else
112.              s_tx_clk_cnt <= s_tx_clk_cnt + 1;
```

```
113.            end
114.            TX_CHECK : begin
115.              if(s_tx_clk_cnt == (s_tx_freq_div_num - 1))
116.                s_tx_clk_cnt <= 0;
117.              else
118.                s_tx_clk_cnt <= s_tx_clk_cnt + 1;
119.            end
120.            TX_END : begin
121.              if(s_tx_clk_cnt == (s_tx_freq_div_num - 1))
122.                s_tx_clk_cnt <= 0;
123.              else
124.                s_tx_clk_cnt <= s_tx_clk_cnt + 1;
125.            end
126.            default : ;
127.          endcase
128.      end
129.  end
130.
131.  //串口发送数据的位计数器
132.  always @( posedge clk_i or negedge rst_n_i)
133.  begin
134.    if(rst_n_i == 1'b0)
135.      s_tx_bit_cnt <= 3'h0;
136.    else begin
137.      case (curr_state)
138.        TX_IDLE :
139.          s_tx_bit_cnt <= 3'h0;
140.        TX_START :
141.          s_tx_bit_cnt <= 3'h0;
142.        TX_DATA : begin
143.          if(s_tx_clk_cnt == (s_tx_freq_div_num - 1))begin
144.            if(s_tx_bit_cnt == 3'h7)
145.              s_tx_bit_cnt <= 3'h0;
146.            else
147.              s_tx_bit_cnt <= s_tx_bit_cnt + 3'h1;
148.          end
149.        end
150.        TX_CHECK :
151.          s_tx_bit_cnt <= 0;
152.        TX_END : begin
153.          if(s_tx_clk_cnt == (s_tx_freq_div_num - 1))  begin
154.            if(s_tx_bit_cnt == 3'h7)
155.              s_tx_bit_cnt <= 3'h0;
156.            else
157.              s_tx_bit_cnt <= s_tx_bit_cnt + 3'h1;
158.          end
159.        end
160.        default : ;
161.      endcase
162.    end
163.  end
164.
```

```
165.    //读取并行数据(s_tx_data),将其通过 tx_o 发送出去
166.    //注意,必须与 tx_rd_en_o 进行同步
167.    always @( posedge clk_i or negedge rst_n_i)
168.    begin
169.      if(rst_n_i == 1'b0) begin
170.        s_tx_data  <= 8'h0;
171.        s_data_buf <= 8'h0;
172.      end
173.      else begin
174.        case (curr_state)
175.          TX_IDLE : begin
176.            s_tx_data  <= 8'h0;
177.            s_data_buf <= 8'h0;
178.          end
179.          TX_START : begin
180.            if(s_tx_clk_cnt == (s_tx_freq_div_num - 1)) begin
181.              s_tx_data  <= tx_data_i;
182.              s_data_buf <= tx_data_i;
183.            end
184.          end
185.          TX_DATA : begin
186.            if(s_tx_clk_cnt == (s_tx_freq_div_num - 1))begin
187.              s_tx_data <= {1'b0,s_tx_data[7 : 1]};
188.            end
189.            s_data_buf <= s_data_buf;
190.          end
191.          TX_CHECK : begin
192.            s_tx_data  <= 8'h0;
193.            s_data_buf <= s_data_buf;
194.          end
195.          TX_END : begin
196.            s_tx_data  <= 8'h0;
197.            s_data_buf <= s_data_buf;
198.          end
199.          default : ;
200.        endcase
201.      end
202.    end
203.
204.    //产生并行数据读脉冲
205.    always @( posedge clk_i or negedge rst_n_i)
206.    begin
207.      if(rst_n_i == 1'b0)
208.        tx_rd_en_o <= 1'b0;
209.      else begin
210.        case(curr_state)
211.          TX_IDLE : begin
212.            if(tx_empty_i ==1'b0)
213.              tx_rd_en_o <= 1'b1;
214.            else
215.              tx_rd_en_o <= 1'b0;
216.          end
```

```
217.        TX_START :
218.          tx_rd_en_o <= 1'b0;
219.        TX_DATA :
220.          tx_rd_en_o <= 1'b0;
221.        TX_CHECK :
222.          tx_rd_en_o <= 1'b0;
223.        TX_END :
224.          tx_rd_en_o <= 1'b0;
225.        default : ;
226.      endcase
227.    end
228.  end
229.
230.  always @( posedge clk_i or negedge rst_n_i)
231.  begin
232.    if(rst_n_i == 1'b0)
233.      tx_o <= 1'b1;
234.    else begin
235.      case (curr_state)
236.        TX_IDLE :
237.          tx_o <= 1'b1;
238.        TX_START :
239.          tx_o <= 1'b0;
240.        TX_DATA : begin
241.          if(s_tx_clk_cnt == 0)
242.            tx_o <= s_tx_data[0];
243.        end
244.        TX_CHECK : begin
245.          if(s_check_mode == `CHECK_EVEN)
246.            tx_o <= (s_data_buf[0] ^ s_data_buf[1] ^ s_data_buf[2] ^
247.                     s_data_buf[3] ^ s_data_buf[4] ^ s_data_buf[5] ^
248.                     s_data_buf[6] ^ s_data_buf[7]);
249.          else
250.            tx_o <= ~(s_data_buf[0] ^ s_data_buf[1] ^ s_data_buf[2] ^
251.                      s_data_buf[3] ^ s_data_buf[4] ^ s_data_buf[5] ^
252.                      s_data_buf[6] ^ s_data_buf[7]);
253.        end
254.        TX_END :
255.          tx_o <= 1'b1;
256.        default : ;
257.      endcase
258.    end
259.  end
```

步骤 3：添加 uart_fifo.xco 文件

FIFO 是 FPGA 设计中较常用于数据缓存的存储器单元，具有先进先出的特点，通常在两个模块之间传输数据时使用。如果两个模块的数据处理速率相同，则可以直接进行数据之间的对接；如果两个模块的数据处理速率不同，即数据接收模块和发送模块的数据处理速率不一致，就会导致采集数据时出现遗漏。FIFO 的作用就是让所有需要传输的数据都先经过缓存器，然后输入数据接收模块，通过数据缓存的方法可以解决速率不一致而导致的数据遗漏问题。

在 ISE Design Suite 14.7 里已经有封装好的 FIFO IP 核，只需要调用这个 IP 核，再根据需求进行设置就可以使用了。调用和设置 FIFO IP 核的具体步骤如下。

首先，执行菜单命令"Project"→"New Source"，弹出如图 8-10 所示的"New Source Wizard"对话框，选择"IP(CORE Generator & Architecture Wizard)"选项，在"File name"文本框中输入 uart_fifo，在"Location"文本框中选择路径 D:\Spartan6FPGATest\ Product\exp07_uart\ipcore，勾选"Add to project"复选框，最后单击"Next"按钮。

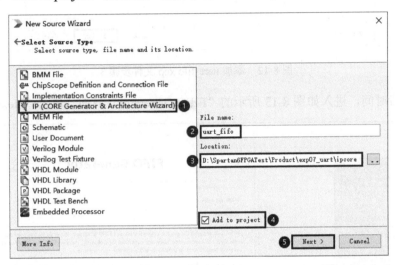

图 8-10　添加 uart_fifo.xco 文件步骤 1

如图 8-11 所示，在搜索栏中输入 FIFO，选择搜索结果中的"FIFO Generator"选项，单击"Next"按钮。

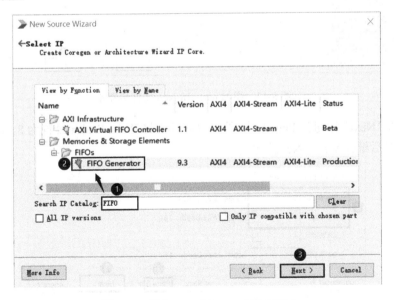

图 8-11　添加 uart_fifo.xco 文件步骤 2

如图 8-12 所示，单击"Finish"按钮。

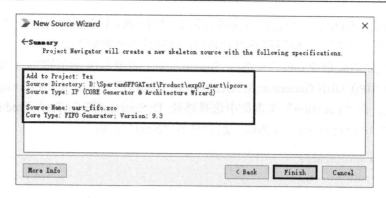

图 8-12　添加 uart_fifo.xco 文件步骤 3

等待一段时间，进入如图 8-13 所示的"FIFO Generator"界面，单击"Next"按钮。

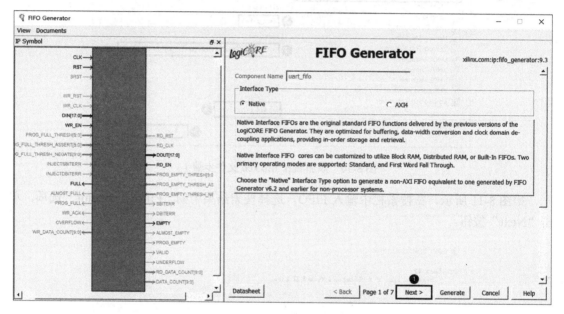

图 8-13　添加 uart_fifo.xco 文件步骤 4

一直单击"Next"按钮到 Page3，如图 8-14 所示，将 Write Width 设置为 8，将 Write Depth 设置为 16，然后继续单击"Next"按钮。

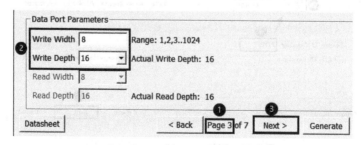

图 8-14　添加 uart_fifo.xco 文件步骤 5

如图 8-15 所示，在 Page 5 中将 Full Flags Reset Value 设置为 0，然后继续单击"Next"按钮。

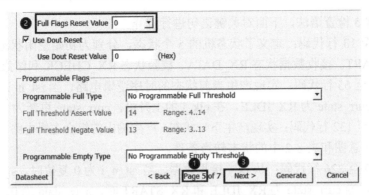

图 8-15　添加 uart_fifo.xco 文件步骤 6

如图 8-16 所示，在最后一页 Page7 中，可以查看生成的端口定义及生成信息，确认信息无误后单击"Generate"按钮，完成 uart_fifo 端口的生成。

图 8-16　添加 uart_fifo.xco 文件步骤 7

等待一段时间，可以看到如图 8-17 所示的 uart_fifo.xco 文件，至此完成 uart_fifo.xco 文件的添加。

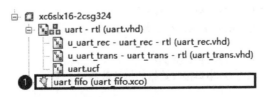

图 8-17　完成 uart_fifo.xco 文件的添加

步骤 4：完善 uart_rec.v 文件

将程序清单 8-2 中的代码输入 uart_rec.v 文件的参数定义、信号定义和电路实现部分，并参考 2.3 节步骤 5 检查语法，下面对关键语句进行解释。

（1）第 8 至 13 行代码：定义了状态机的 5 个状态，分别为初始空闲状态 RX_IDLE、起始状态 RX_START、接收数据状态 RX_DATA、校验状态 RX_CHECK 和结束状态 RX_END。

（2）第 59 至 65 行代码：实现产生当前状态的时序逻辑电路，当 rst_n_i 为 0 复位时，状态机当前状态 curr_state 为 RX_IDLE，在 clk_i 的上升沿，curr_state 更新为 next_state。

（3）第 67 至 132 行代码：实现产生下一状态、产生输出的组合逻辑电路，可以参考图 8-6 中的状态转换示意图和表 8-2 中的状态转换条件。

（4）第 200 至 226 行代码：从 rx_i 接收数据。当 rst_n_i 为 0 复位时，s_rx_data 为 0。在 clk_i 的上升沿，当 curr_state 为 RX_IDLE 和 RX_START 时，s_rx_data 为 0；当 curr_state 为 RX_DATA 时，在计数到一个时钟周期后，将 s_rx_reg2 与 s_rx_data（7 downto 1）拼接，并将拼接结果传给 s_rx_data；当 curr_state 为 RX_CHECK 和 RX_END 时，s_rx_data 保持不变。

（5）第 228 至 258 行代码：产生并行数据写脉冲，当 curr_state 为 RX_END 时，在计数到一个时钟周期后，如果 s_rx_reg2 为 1，则将 rx_wr_en_o 置为高电平，其余情况下将 rx_wr_en_o 置为低电平，由此产生一个写脉冲。

程序清单 8-2

```
1.   //----------------------------------------------------------------
2.   //                        参数定义
3.   //----------------------------------------------------------------
4.     parameter RX_BAUD_RATE  = 20'd115200;   //串口接收数据波特率
5.     parameter RX_CHECK_SW   = `CHECK_OFF;   //接收模块的校验开关
6.     parameter RX_CHECK_MODE = `CHECK_EVEN;  //接收模块的校验模式
7.
8.     //状态定义
9.     parameter RX_IDLE = 3'b000;
10.    parameter RX_START= 3'b001;
11.    parameter RX_DATA = 3'b010;
12.    parameter RX_CHECK= 3'b011;
13.    parameter RX_END  = 3'b100;
14.
15.    parameter s_rx_freq_div_num = `SYS_CLK_FREQ / RX_BAUD_RATE; //发送/接收 1 位所需的时钟计数
16.
17.  //----------------------------------------------------------------
18.  //                        信号定义
19.  //----------------------------------------------------------------
20.    reg [2:0] curr_state; //当前状态
21.    reg [2:0] next_state; //下一状态
22.
23.    wire s_check_sw  = RX_CHECK_SW;   //校验开关
24.    wire s_check_mode= RX_CHECK_MODE; //校验模式
25.
26.    integer   s_rx_clk_cnt ; //时钟计数器
27.    reg [2:0] s_rx_bit_cnt ; //串口接收数据的位计数器
28.
29.    reg s_rx_reg1 ;
30.    reg s_rx_reg2 ;
31.
32.    wire      s_rx_falling_edge;
```

```
33.    reg [7:0] s_rx_data; //接收模块并行数据
34.
35.    //-----------------------------------------------------------------
36.    //                          模块例化
37.    //-----------------------------------------------------------------
38.
39.    //-----------------------------------------------------------------
40.    //                          电路实现
41.    //-----------------------------------------------------------------
42.    assign rx_data_o = s_rx_data;
43.
44.    //rx_i 为异步信号，因此需要另外两个计数器来解决亚稳定问题
45.    always @( posedge clk_i or negedge rst_n_i)
46.    begin
47.      if(rst_n_i == 1'b0) begin
48.        s_rx_reg1 <= 1'b1;
49.        s_rx_reg2 <= 1'b1;
50.      end
51.      else begin
52.        s_rx_reg1 <= rx_i;
53.        s_rx_reg2 <= s_rx_reg1;
54.      end
55.    end
56.
57.    assign s_rx_falling_edge = (!s_rx_reg1) && s_rx_reg2; //下降沿判断
58.
59.    always @( posedge clk_i or negedge rst_n_i)
60.    begin
61.      if(rst_n_i == 1'b0)
62.        curr_state <= RX_IDLE;
63.      else
64.        curr_state <= next_state;
65.    end
66.
67.    always @(curr_state or s_rx_falling_edge or s_rx_freq_div_num or s_rx_reg2 or
68.      s_rx_clk_cnt or s_rx_bit_cnt or s_rx_data or s_check_sw or s_check_mode)
69.    begin
70.      case (curr_state)
71.        RX_IDLE : begin
72.          if(s_rx_falling_edge == 1'b1)
73.            next_state <= RX_START; //rx_i 由 1->0 时，下一状态跳转至 RX_START
74.          else
75.            next_state <= RX_IDLE;
76.        end
77.        RX_START : begin
78.          if(s_rx_clk_cnt == s_rx_freq_div_num / 2) begin    //在起始位的中间时刻对 rx_i 采样
79.            if(s_rx_reg2 == 1'b0) //0 表示成功检测到一个有效的起始位
80.              next_state <= RX_DATA;
81.            else //1 表示未检测到起始位
82.              next_state <= RX_IDLE;
83.          end
84.          else
```

```
85.            next_state <= RX_START;
86.         end
87.
88.      //需要注意 RX_START 在接收起始位一半时进入 RX_DATA
89.      RX_DATA : begin
90.         //表示数据位的中间时刻，即在数据位的中间时刻进行采样
91.         if(s_rx_clk_cnt == (s_rx_freq_div_num - 1))begin
92.            if(s_rx_bit_cnt == 7) begin   //每帧数据为包含 8 位的数据
93.              if(s_check_sw)
94.                next_state <= RX_CHECK;   //如果校验开关打开，则跳转至 RX_CHECK
95.              else
96.                next_state <= RX_END;       //如果校验开关未打开，则跳转至 RX_END
97.            end
98.            else
99.              next_state <= RX_DATA;
100.           end
101.         else
102.           next_state <= RX_DATA;
103.       end
104.
105.     //需要注意最后一个 RX_DATA 在接收最后 1 位数据的一半时进入 RX_CHECK
106.     RX_CHECK :begin
107.        //表示数据位的中间时刻，即在校验位的中间时刻进行采样
108.        if(s_rx_clk_cnt == (s_rx_freq_div_num - 1)) begin
109.          if((s_rx_data[0] ^ s_rx_data[1] ^ s_rx_data[2] ^ s_rx_data[3]
110.            ^ s_rx_data[4] ^ s_rx_data[5] ^ s_rx_data[6] ^ s_rx_data[7])
111.            == (s_rx_reg2 ^ s_check_mode))
112.            next_state <= RX_END; //校验成功，跳转至 RX_END
113.          else
114.            next_state <= RX_IDLE; //校验失败，跳转至 RX_IDLE
115.          end
116.        else
117.          next_state <= RX_CHECK;
118.       end
119.
120.     //需要注意 RX_CHECK 或最后一个 RX_DATA 在接收最后 1 位数据的一半时进入 RX_END
121.     RX_END : begin
122.        //表示结束位的中间时刻，即在结束位的中间时刻进行采样
123.        if(s_rx_clk_cnt == (s_rx_freq_div_num - 1))
124.          next_state <= RX_IDLE;
125.        else
126.          next_state <= RX_END;
127.       end
128.
129.     default : ;
130.
131.   endcase
132.  end
133.
134.  //系统时钟计数器
135.  always @( posedge clk_i or negedge rst_n_i)
136.  begin
```

```
137.      if(rst_n_i == 1'b0)
138.        s_rx_clk_cnt <= 0;
139.      else begin
140.        case (curr_state)
141.          RX_IDLE :
142.            s_rx_clk_cnt <= 0;
143.          RX_START : begin
144.            if(s_rx_clk_cnt == s_rx_freq_div_num / 2)
145.              s_rx_clk_cnt <= 0; //RX_START 只需要持续每位对应时间的一半
146.            else
147.              s_rx_clk_cnt <= s_rx_clk_cnt + 1;
148.            end
149.          RX_DATA : begin
150.            if(s_rx_clk_cnt == (s_rx_freq_div_num - 1))
151.              s_rx_clk_cnt <= 0; //RX_DATA 需要持续每位对应的时间
152.            else
153.              s_rx_clk_cnt <= s_rx_clk_cnt + 1;
154.            end
155.          RX_CHECK : begin
156.            if(s_rx_clk_cnt == (s_rx_freq_div_num - 1))
157.              s_rx_clk_cnt <= 0;
158.            else
159.              s_rx_clk_cnt <= s_rx_clk_cnt + 1;
160.            end
161.          RX_END : begin
162.            if(s_rx_clk_cnt == (s_rx_freq_div_num - 1))
163.              s_rx_clk_cnt <= 0;
164.            else
165.              s_rx_clk_cnt <= s_rx_clk_cnt + 1;
166.            end
167.
168.          default : ;
169.
170.        endcase
171.      end
172.  end
173.
174.  //串口接收到数据的位计数器
175.  always @( posedge clk_i or negedge rst_n_i)
176.  begin
177.    if(rst_n_i == 1'b0)
178.      s_rx_bit_cnt <= 0;
179.    else begin
180.      case (curr_state)
181.        RX_IDLE :
182.          s_rx_bit_cnt <= 0;
183.        RX_START :
184.          s_rx_bit_cnt <= 0;
185.        RX_DATA :begin
186.          if(s_rx_clk_cnt == (s_rx_freq_div_num - 1))
187.            s_rx_bit_cnt <= s_rx_bit_cnt + 1; //每接收到一个数据 s_rx_bit_cnt 加1
188.          end
```

```
189.        RX_CHECK :
190.          s_rx_bit_cnt <= 0;
191.        RX_END :
192.          s_rx_bit_cnt <= 0;
193.
194.        default : ;
195.
196.      endcase
197.    end
198.  end
199.
200.  //从 rx_i 接收数据，并且将并行数据输出到 s_rx_data
201.  //注意，必须与 rx_wr_en_o 进行同步
202.  always @( posedge clk_i or negedge rst_n_i)
203.  begin
204.    if(rst_n_i == 1'b0)
205.      s_rx_data <= 8'h00;
206.    else begin
207.      case (curr_state)
208.        RX_IDLE :
209.          s_rx_data <= 8'h00;
210.        RX_START :
211.          s_rx_data <= 8'h00;
212.        RX_DATA : begin
213.          //在起始位的中间时刻开始进行采样，以此类推，每个数据都是在中间时刻进行采样
214.          if(s_rx_clk_cnt == (s_rx_freq_div_num - 1))
215.            s_rx_data <= {s_rx_reg2,s_rx_data[7:1]}; //逻辑右移
216.        end
217.        RX_CHECK :
218.          s_rx_data <= s_rx_data; //数据保持
219.        RX_END :
220.          s_rx_data <= s_rx_data; //数据保持是为了在 rx_wr_en_o 的上升沿被采集
221.
222.        default : ;
223.
224.      endcase
225.    end
226.  end
227.
228.  //产生并行数据写脉冲
229.  always @( posedge clk_i or negedge rst_n_i)
230.  begin
231.    if(rst_n_i == 1'b0)
232.      rx_wr_en_o <= 1'b0;
233.    else begin
234.      case (curr_state)
235.        RX_IDLE :
236.          rx_wr_en_o <= 1'b0;
237.        RX_START :
238.          rx_wr_en_o <= 1'b0;
239.        RX_DATA :
240.          rx_wr_en_o <= 1'b0;
```

```
241.        RX_CHECK :
242.          rx_wr_en_o <= 1'b0;
243.        RX_END : begin
244.          if(s_rx_clk_cnt == (s_rx_freq_div_num - 1)) begin
245.            if(s_rx_reg2 == 1'b1) //有效的停止位
246.              rx_wr_en_o <= 1'b1;
247.            else //无效的停止位
248.              rx_wr_en_o <= 1'b0;
249.            end
250.          else
251.            rx_wr_en_o <= 1'b0;
252.          end
253.
254.        default : ;
255.
256.      endcase
257.    end
258.  end
```

步骤 5：完善 uart.v 文件

将程序清单 8-3 中第 4 至 14 行代码输入 uart.v 文件的模块例化部分，并参考 2.3 节步骤 5 检查语法。

程序清单 8-3

```
1.  //-----------------------------------------------------------------------
2.  //                        模块例化
3.  //-----------------------------------------------------------------------
4.  uart_fifo u_uart_fifo
5.  (
6.    .clk   (clk_50mhz_i),
7.    .rst   (~rst_n_i),     //FIFO 为高电平复位
8.    .din   (s_rx_data),
9.    .wr_en (s_rx_wr_en),
10.   .rd_en (s_tx_rd_en),
11.   .dout  (s_tx_data),
12.   .full  ( ),
13.   .empty (s_tx_empty)
14. );
```

步骤 6：仿真工程

检查完 uart.v 文件的语法之后，对 uart 模块进行仿真，本实验已经提供了完整的测试文件 uart_tf.v，可以直接参考 2.3 节步骤 7 对 uart 模块进行仿真，如图 8-18 所示，可以看到由串口接收端 uart_rx_i 接收的数据，经系统处理后由串口发送端 uart_tx_o 将该数据发送出去。

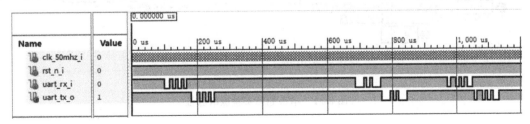

图 8-18 查看仿真结果

步骤 7：安装 CH340 驱动程序

FPGA 高级开发系统与计算机间的通信是经由 USB 转串口的芯片实现的，因此还需要安装 CH340 驱动程序。

在本书配套资料包的"02.相关软件\CH340 驱动(USB 串口驱动)"文件夹中，双击运行安装文件 SETUP.EXE，单击"安装"按钮，在弹出的"DriverSetup"对话框中单击"确定"按钮，如图 8-19 所示。

驱动程序安装成功后，将 B 型 USB 线分别连接计算机和 FPGA 高级开发系统，然后在计算机的设备管理器中就能找到名为 CH340 的 USB 串口了，如图 8-20 所示。注意，串口号不一定是 COM5，在不同计算机中可能会不同。

图 8-19　安装 C340 驱动程序　　　　图 8-20　计算机设备管理器中显示 USB 串口信息

步骤 8：板级验证

本实验已提供完整的引脚约束文件，参考 2.3 节步骤 9，将工程编译生成.bit 文件，并将其下载到 FPGA 高级开发系统上。然后，通过 B 型 USB 线将计算机与 FPGA 高级开发系统右下角的"USB 转串口"部分相连。接着，双击运行本书配套资料包的"02.相关软件\串口调试助手"文件夹里的串口助手安装文件 sscom5.13.1.exe，选择名字带有 CH340 的串口号，设置波特率为 115200baud，如图 8-21 所示，设置并打开串口，然后在输入框中输入文本内容，如 Leyutek，单击"发送"按钮，可以看到出现"发→◇Leyutek"和"收←◆Leyutek"等内容。

图 8-21　串口通信实验板级验证

本 章 任 务

在本实验的基础上增加数据处理模块，如果接收到的数据对应的 ASCII 码是十六进制数的 0～F，则进行加 1（F 加 1 后清零）处理后再将数据发送出去，其余字符不进行处理。例如，接收到的数据对应的字符是 1，则发送字符 2 的数据；接收到的数据对应的字符是 B，则发送字符 C 的数据；接收到的数据对应的字符是 Z，则发送的还是字符 Z 的数据。

本 章 习 题

1．简述同步通信和异步通信的特点，UART 通信属于这两种通信方式中的哪一种？

2．简述 UART 物理层和数据帧格式。

3．假设要进行通信的字符格式为 1 个起始位、8 个数据位、1 个奇校验位和 1 个停止位，请画出通信时字符"C"的帧格式。

4．如果数据位为 8 位，无校验位，停止位为 1 位，波特率为 9600baud，那么每 20ms 最多可以发送多少字节数据？

5．在 u_uart_trans 模块中，为什么在发送完停止位后还要连续发送 3 次才跳转到 TX_IDLE 状态？

第9章 读写外部 EEPROM 实验

EEPROM 是一种可擦除反复编程的存储器，即使掉电也可以保存数据不使其丢失，可多次循环编程利用。EEPROM 最常用的通信方式是 I^2C 协议，本章将详细介绍 I^2C 协议，要求熟悉 I^2C 器件之间的通信过程，综合独立按键去抖实验和串口通信实验，使用 Verilog HDL 实现串口对 EEPROM 存储器的读写功能。

9.1 实 验 内 容

基于 FPGA 高级开发系统设计一个读写外部 EEPROM 实验，实现当按独立按键 KEY_1 时，FPGA 向 EEPROM 写入数据 76543210；当按独立按键 KEY_2 时，FPGA 向 EEPROM 写入数据 89ABCDEF；当按独立按键 KEY_3 时，FPGA 从 EEPROM 中读取最后一次写入的数据，读写的数据都可以通过串口，在串口助手上显示。

9.2 实 验 原 理

9.2.1 EEPROM 电路原理图

FPGA 高级开发系统上 XC6SLX16 芯片的 E7 引脚连接 AT24C02 芯片的 SCL 引脚，为时钟引脚；XC6SLX16 芯片的 C7 引脚连接 AT24C02 芯片的 SDA 引脚，为数据引脚。SDA 和 SCL 都有 $4.7k\Omega$ 的上拉电阻，空闲状态时为高电平。A0、A1、A2 引脚连接 GND，表示 I^2C 器件的片选地址为 000。WP 是写保护引脚，当 WP 接到 VCC 时，存储器被写保护（只读）。在 FPGA 高级开发系统上，WP 引脚接到 GND，这样存储器可读可写。另外，EEPROM 硬件电路还包括 3 个独立按键（编号为 KEY_1、KEY_2、KEY_3）和串口发送引脚 CH330_TX，KEY_1、KEY_2 和 KEY_3 分别连接 XC6SLX16 芯片的 G13、F13 和 H12 引脚，CH330_TX 连接 XC6SLX16 芯片的 D17 引脚，如图 9-1 所示。

图 9-1 EEPROM 电路原理图

9.2.2 I^2C 协议

I^2C 总线是 PHLIPS 公司推出的一种串行总线，是具备多主机系统所需的包括总线仲裁和高低速器件同步功能在内的高性能串行总线。I^2C 总线只有两根双向信号线：数据线 SDA 和时钟线 SCL。

　　每个连接到 I²C 总线上的器件都有唯一的地址。主机与其他器件间的数据传送关系为主机发送数据到其他器件，这时主机为发送器，从总线上接收数据的器件则为接收器。如图 9-2 所示，在多主机系统中，可能同时有几个主机试图启动总线传送数据。为了避免混乱，I²C 总线要通过总线仲裁决定由哪一台主机控制总线。

图 9-2　I²C 总线物理拓扑结构

　　I²C 总线内部结构如图 9-3 所示，I²C 总线通过上拉电阻接正电源。当总线空闲时，两根信号线均为高电平。连接到总线上的任一器件输出低电平，都将使总线信号变为低电平，即各器件的 SDA 及 SCL 都是线"与"关系。

图 9-3　I²C 总线内部结构

　　I²C 时序图如图 9-4 所示，在 SCL 为高电平期间，SDA 由高电平向低电平变化表示起始信号；在 SCL 为高电平期间，SDA 由低电平向高电平变化表示停止信号。在进行数据传输且 SCL 为高电平期间，SDA 上的数据必须保持稳定。只有在 SCL 为低电平期间，SDA 上的数据才允许变化。起始和停止信号都由主机发出，在起始信号产生后，总线处于被占用状态；在停止信号产生后，总线处于空闲状态。

图 9-4　I²C 时序图

在 SCL 为高电平期间，SDA 保持低电平，表示发送 0 或应答；在 SCL 为高电平期间，SDA 保持高电平，表示发送 1 或非应答，如图 9-5 所示。

图 9-5　SDA 信号

9.2.3　I^{2}C 器件地址

每个 I^{2}C 器件都有一个器件地址，有的器件地址在出厂时就已经设置好了，用户不可更改，如 OV7670 器件地址固定为 0x42；有的确定了其中几位，剩下的位由硬件确定，如常见的具有 I^{2}C 接口的 EEPROM 存储器，留有 3 个控制地址的引脚，由用户在进行硬件设计时确定。

严格地讲，主机并不直接向从机发送地址，而是主机向总线发送地址，所有从机都能接收到主机发送的地址，然后每个从机都将主机发送的地址与自己的地址进行比较。如果能匹配，则从机就会向总线发出一个响应信号。主机收到响应信号后，开始向总线发送数据，这时与从机的通信就建立起来了。如果主机没有收到响应信号，则表示寻址失败。

例如，I^{2}C 器件 AT24C02 有 7 位地址码，前 4 位已经固定为 1010，后 3 位是片选地址，分别对应 A2、A1、A0，片选地址由硬件连接决定。如图 9-6（a）所示，当片选地址引脚 A2、A1、A0 都连接 GND 时，片选地址为 000，该器件地址为 1010000；如图 9-6（b）所示，当片选地址引脚 A2、A1、A0 都连接到 VCC 时，片选地址为 111，该器件地址为 1010111。

图 9-6　AT24C02 地址

如图 9-7 所示为 I^{2}C 控制命令传输数据格式示意图。S 为起始位，I^{2}C 协议在进行数据传输时，主机首先需要向总线发出控制命令（1010A2A1A0R/W），传输时按照从高位到低位的顺序传输，控制字节的最低位为 R/W（读/写）控制位。当 R/W 位为 0 时，表示主机对从机进行写操作；当 R/W 位为 1 时，表示主机对从机进行读操作。传输完控制命令后就等待从机响应。

S	1	0	1	0	A2	A1	A0	R/W	ACK

图 9-7　I^{2}C 控制命令传输数据格式示意图

9.2.4 AT24C02 芯片

AT24C02 是一个 2Kbit 串行 CMOS EEPROM，内部含有 32 页，每页 8 字节，该器件通过 I^2C 总线接口进行读写操作，有专门的写保护功能，图 9-8 是该芯片的引脚图。

表 9-1 是 AT24C02 芯片的引脚功能描述，该芯片有 8 个引脚。

图 9-8 AT24C02 芯片引脚图

表 9-1 AT24C02 芯片引脚功能描述

引脚编号	引脚名称	描 述
1～3	A0、A1、A2	器件地址输入引脚
4	GND	接地
5	SDA	串行地址/数据输入/数据输出引脚
6	SCL	串行时钟输入引脚
7	WP	写保护引脚，接地时允许对器件进行读写操作，接高电平时，写保护，只能进行读操作
8	VCC	接电源

相同器件型号的从机可以连接到 I^2C 总线上的数量由器件地址引脚决定。如表 9-2 所示，AT24C01 和 AT24C02 的器件地址有 3 位（A2A1A0），那么器件地址有 2^3 种结果，即可以连接 8 个 AT24C01 或 AT24C02 到总线；AT24C04 的器件地址有 2 位（A2A1），那么器件地址有 2^2 种结果，即可以连接 4 个 AT24C04 到总线；同理，AT24C08 的器件地址只有 1 位（A2），即 0 和 1 两种状态，所以可以连接 2 个 AT24C08 到总线；AT24C16 只可以连接 1 个 AT24C16 到总线。

表 9-2 AT24CXX 芯片信息

器件型号	总容量	总页数	字节/页	字节地址范围	器件地址	数据地址
AT24C01	1Kbit	16	8	0～127	$1010A_2A_1A_0$	$xa_6a_5a_4a_3a_2a_1a_0$
AT24C02	2Kbit	32	8	0～255	$1010A_2A_1A_0$	$a_7a_6a_5a_4a_3a_2a_1a_0$
AT24C04	4Kbit	32	16	0～511	$1010A_2A_1a_8$	$a_7a_6a_5a_4a_3a_2a_1a_0$
AT24C08	8Kbit	64	16	0～1023	$1010A_2a_9a_8$	$a_7a_6a_5a_4a_3a_2a_1a_0$
AT24C16	16Kbit	128	16	0～2047	$1010a_{10}a_9a_8$	$a_7a_6a_5a_4a_3a_2a_1a_0$

操作一个 I^2C 器件，除了要访问器件地址，还需要能够指定器件数据地址。数据地址的长度与容量有关，如图 9-9 所示。假设 AT24C02 的容量为 2Kbit（256 字节），那么 AT24C02 的数据地址为 8 位，即 1 字节可满足。对于 AT24C04，容量为 4Kbit（512 字节），数据地址需要 9 位，即需要 2 字节，所以 AT24C04 的器件地址位只有 A2A1，P0 为数据地址位。当 P0 为 0 时，操作的是 0～255 字节；当 P0 为 1 时，操作的是 256～511 字节。同理，对于容量为 8Kbit 的 AT24C08，数据地址可分为 4 个 256 字节的模块，要操作哪个模块取决于 P1、P0 的组合：当 P1P0=00 时，操作的是 0～255 字节；当 P1P0=01 时，操作的是 256～511 字节；当 P1P0=10 时，操作的是 512～767 字节；当 P1P0=11 时，操作的是 768～1023 字节。

以 AT24C08 为例进行说明，当两个 AT24C08 连接到总线上的时候，它们的 A2 引脚分别接地和接高电平，器件地址分别为 1010000× 和 1010100×。当要读第 1 个 AT24C08（A2 引脚接地）第 1 个模块的数据时，需要先发送地址字节 10100001；当要把数据写进第 2 个 AT24C08（A2 引脚接高电平）第 2 个模块时，应发送地址字节 10101001。

图 9-9　数据地址

9.2.5　AT24C02 芯片及其读写时序

1. 单字节写时序和页写时序

不同的 I^2C 器件，器件地址字节可能不同，从而导致 I^2C 单字节写时序也可能不同。下面介绍单字节写时序和页写时序。

单字节写时序如图 9-10 所示，主机发送起始命令和控制字节信息。在从机响应应答信号后，主机发送要写入数据的地址。主机在收到从机的应答信号后，再传输待写入的数据。从机响应应答信号后，主机产生停止位，终止传输。

图 9-10　单字节写时序

页写时序如图 9-11 所示，主机发送起始命令和控制字节信息。在从机响应应答信号后，主机发送要写入数据的地址。主机在收到从机的应答信号后，再传输待写入的数据。从机响应应答信号后，主机发送下一个数据，从机响应应答信号，直到 N 个数据写完。在从机响应应答信号后，主机产生停止位，终止传输。

图 9-11　页写时序

2. 单字节读时序和页读时序

同理，I^2C 读操作也和器件地址字节相关，下面介绍单字节读时序和页读时序。

单字节读时序如图 9-12 所示，主机发送起始命令和控制字节信息。在从机响应应答信号后，主机发送要读取数据的地址。主机在收到从机的应答信号后，发送起始命令和控制字节信息，并将 R/W 位设置为 1，表明为读操作。收到从机的应答信号后，主机读取数据完成后，产生无应答信号。最后，主机产生停止位，终止传输。

图 9-12　单字节读时序

页读时序如图 9-13 所示，主机发送起始命令和控制字节信息。在从机响应应答信号后，主机发送要读取数据的地址。主机在收到从机的应答信号后，发送起始命令和从机地址信息，并将 R/W 位设置为 1，表明为读操作。收到从机的应答信号后，主机读取数据，然后主机发送应答信号，读取下一个数据，每读完一个数据，主机都要发送应答信号，直到 N 个数据读完，主机产生无应答信号。最后，主机产生停止位，终止传输。

图 9-13　页读时序

9.2.6　读写外部 EEPROM 实验状态机

EEPROM 读写控制状态转换图如图 9-14 所示。EEPROM 读写控制状态分为初始空闲状态 EEP_IDLE、写操作状态 EEP_WR、读操作状态 EEP_RD 和结束状态 EEP_STOP。①没有接收到读写操作命令为空闲状态 EEP_IDLE；②主机向从机写入数据为写操作状态 EEP_WR；③主机从从机读取数据为读操作状态 EEP_RD；④完成写或读操作为结束状态 EEP_STOP。该状态机在 eeprom.v 文件中实现。

图 9-14　EEPROM 读写控制状态转换图

EEPROM 读写控制状态转换条件如表 9-3 所示。

表 9-3　EEPROM 读写控制状态转换条件

当前状态	下一状态	转换条件
EEP_IDLE	EEP_IDLE	没有接收到读写操作命令
EEP_IDLE	EEP_WR	接收到写操作命令，启动写操作
EEP_WR	EEP_WR	要写入的数据未完成，写操作还需要继续
EEP_WR	EEP_STOP	写操作完成
EEP_IDLE	EEP_RD	接收到读操作命令，启动读操作
EEP_RD	EEP_RD	要读取的数据未完成，读操作还需要继续
EEP_RD	EEP_STOP	读操作完成
EEP_STOP	EEP_IDLE	写或读操作结束

I^{2}C 读写控制状态转换图如图 9-15 所示，I^{2}C 读写控制状态分为初始空闲状态 IDLE、启动状态 START、写器件地址命令 W_DEV_ADDR、读器件地址命令 R_DEV_ADDR、写数据命令 W_DATA、读数据命令 R_DATA、写寄存器地址命令 W_REG_ADDR、读起始命令 RE_START、发送 8 位地址数据 IIC_SEND_8BITS_ADDR_DATA、应答信号 ACK 和停止位 STOP。该状态机是在 iic.com.v 文件中实现的，由于代码较为复杂，本书配套资料包的 Material 文件夹中有完整代码供读者参考。

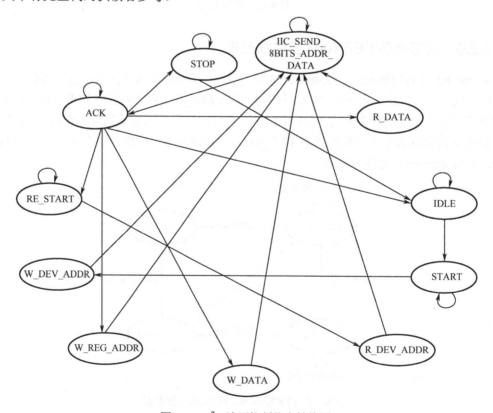

图 9-15　I^{2}C 读写控制状态转换图

I^{2}C 读写控制状态转换条件如表 9-4 所示。

表 9-4　I^{2}C 读写控制状态转换条件

当前状态	下一状态	转换条件
IDLE	IDLE	主机处于空闲状态，没有接收到读或写启动命令
IDLE	START	主机产生写数据起始信号，由空闲状态变为启动状态
START	W_DEV_ADDR	主机产生传输器件地址命令，并且表明为写操作
W_DEV_ADDR	IIC_SEND_8BITS_ADDR_DATA	主机传输 8 位器件地址数据
IIC_SEND_8BITS_ADDR_DATA	ACK	主机读取从机应答信号
ACK	W_REG_ADDR	读取应答信号成功后，主机产生传输要写入的寄存器地址命令
W_REG_ADDR	IIC_SEND_8BITS_ADDR_DATA	主机传输 8 位寄存器地址数据
IIC_SEND_8BITS_ADDR_DATA	ACK	主机读取从机应答信号
ACK	W_DATA	读取应答信号成功后，主机产生写入数据命令
W_DATA	IIC_SEND_8BITS_ADDR_DATA	主机传输 8 位数据
IIC_SEND_8BITS_ADDR_DATA	ACK	主机读取从机应答信号
ACK	RE_START	读取应答信号成功后，主机产生读数据起始信号
RE_START	R_DEV_ADDR	主机产生传输器件地址命令，并表明为读操作
R_DEV_ADDR	IIC_SEND_8BITS_ADDR_DATA	主机传输 8 位器件地址数据
IIC_SEND_8BITS_ADDR_DATA	ACK	主机读取从机应答信号
ACK	R_DATA	读取应答信号成功后，主机产生读取数据命令
R_DATA	IIC_SEND_8BITS_ADDR_DATA	主机读取 8 位数据
IIC_SEND_8BITS_ADDR_DATA	ACK	主机读取从机应答信号
ACK	STOP	读取应答信号成功后，主机产生停止位，终止传输
STOP	IDLE	主机回到空闲状态
ACK	IDLE	若产生无应答信号，则主机回到空闲状态

9.2.7　读写外部 EEPROM 实验内部电路图

读写外部 EEPROM 实验电路有 8 个引脚，引脚的名称、类型、约束及描述如表 9-5 所示。

表 9-5　读写外部 EEPROM 实验电路引脚说明

引脚名称	引脚类型	引脚约束	引脚描述
clk_i	in	V10	时钟输入，50MHz
rst_n_i	in	N7	复位输入，低电平复位
btn_rd_i	in	G13	按键输入，按下为低电平
btn1_wr_i	in	F13	按键输入，按下为低电平

续表

引脚名称	引脚类型	引脚约束	引脚描述
btn2_wr_i	in	H12	按键输入，按下为低电平
uart_tx_o	out	D17	连接 CH330N 芯片的 RXD 引脚
epr_sda_io	out	C7	连接 AT24C02 芯片的 SDA 引脚
epr_scl_o	out	E7	连接 AT24C02 芯片的 SCL 引脚

读写外部 EEPROM 实验内部电路图包括 50Hz 分频模块 u_clk_gen_50hz，按键去抖模块 u_r_clr_jitter_with_reg1、u_w_clr_jitter_with_reg1 和 u_w_clr_jitter_with_reg2，I²C 读写控制模块 u_iic_com，按键检测模块 u_btn_wr_rd，编码模块 u_ascii_encode，打包模块 u_enpacket 和串口发送模块 u_uart_trans，另外还有一个 EEPROM 读写控制状态机（fsm）。读写外部 EEPROM 实验内部电路图如图 9-16 所示。

图 9-16　读写外部 EEPROM 实验内部电路图

9.3　实验步骤

步骤 1：复制工程文件夹并添加 Verilog 文件

将"D:\Spartan6FPGATest\Material"目录中的 exp08_eeprom 文件夹复制到"D:\Spartan6FPGATest\Product"目录中。然后，双击运行"D:\Spartan6FPGATest\Product\ exp08_eeprom\project"目录中的 eeprom.xise 文件打开工程，该工程的顶层文件为 eeprom.v。从本章实验开始，实验所需的 .v 和 .ucf 文件均已添加到工程中，因此只需要对相关文件进行完善即可。

步骤 2：完善 btn_wr_rd.v 文件

将程序清单 9-1 中的代码输入 btn_wr_rd.v 文件的参数定义、信号定义和电路实现部分，并参考 2.3 节步骤 5 检查语法，下面对关键语句进行解释。

（1）第 56 至 57 行代码：读写状态机启动标志的输出。将 s_btn1_wr_flag 和 s_btn2_wr_flag 相或的结果输出给 eeprom_wr_run_o，输出结果为 1 时启动写状态机；将 s_btn_rd_flag 的值输出给 eeprom_rd_run_o，输出结果为 1 时启动读状态机。

（2）第 59 至 99 行代码：读写标志和读写数据完成标志的输出。具体过程如下：当复位

时，相关参数回到初始值 0；在 clk_i 上升沿，根据条件响应相应的命令。以第一部分响应 btn1
的命令为例进行说明，如果 s_btn1_wr_reg1 为高电平，s_btn1_wr_reg2 为低电平，那么将标
志位 s_btn1_wr_flag 置 1；如果标志位 s_btn1_wr_flag 为 1，s_wr_rd_cnt 计数值为 3 且 done_sig_i
为 1，那么表示数据读写完成，所以将标志位 s_btn1_wr_flag 置 0，btn1_wr_o 置 1，表示要
写的数据已经完成可以送到 uart 发送；如果 uart_send_rdy_i 的值为 1，则表示要写的数据已
发送到 uart 寄存器中，将 btn1_wr_o 置 0。

（3）第 101 至 111 行代码：产生数据读写计数器。当复位时，计数器 s_wr_rd_cnt 清零；
在 clk_i 的上升沿，如果 s_wr_rd_cnt 计数值为 3 且读写操作完成标志 done_sig_i 为 1，则表
示数据读写完成，将计数器 s_wr_rd_cnt 清零；如果只有 done_sig_i 为 1，则 s_wr_rd_cnt 执
行加 1 计数。

（4）第 113 至 194 行代码：进行数据的读或写操作。具体过程如下。当复位时，相关参
数回到初始值 0。在 clk_i 的上升沿，通过判断读写标志执行相应的读或写操作，以第一个 if
语句为例进行说明。如果 s_btn1_wr_flag 的值为 1，那么将 WR_BTN1_ADDR 赋给写数据的
首地址 s_addr_wr_save_basic，然后根据 s_wr_rd_cnt 的计数值对写地址 add_o 进行递增操作，
并且把 WR_BTN1_DATA1～WR_BTN1_DATA4 输出给 wr_data_o 和 eeprom_data1_o～
eeprom_data4_o。其中，add_o 和 wr_data_o 通过 iic_com 模块写进 EEPROM，而
eeprom_data1_o～eeprom_data4_o 则通过 ascii_encode 模块编码后由 uart_tran 模块发送到上位
机。其余读或写操作同理。

程序清单 9-1

```
1.   //-----------------------------------------------------------------------
2.   //                            参数定义
3.   //-----------------------------------------------------------------------
4.       parameter WR_BTN1_ADDR  = 8'b00000010;
5.       parameter WR_BTN1_DATA1 = 8'b01110110;
6.       parameter WR_BTN1_DATA2 = 8'b01010100;
7.       parameter WR_BTN1_DATA3 = 8'b00110010;
8.       parameter WR_BTN1_DATA4 = 8'b00010000;
9.
10.      parameter WR_BTN2_ADDR  = 8'b11001101;
11.      parameter WR_BTN2_DATA1 = 8'b10001001;
12.      parameter WR_BTN2_DATA2 = 8'b10101011;
13.      parameter WR_BTN2_DATA3 = 8'b11001101;
14.      parameter WR_BTN2_DATA4 = 8'b11101111;
15.  //-----------------------------------------------------------------------
16.  //                            信号定义
17.  //-----------------------------------------------------------------------
18.      reg s_btn1_wr_reg1;
19.      reg s_btn1_wr_reg2;
20.      reg s_btn2_wr_reg1;
21.      reg s_btn2_wr_reg2;
22.      reg s_btn_rd_reg1;
23.      reg s_btn_rd_reg2;
24.
25.  //保存最新的写数据的基地址（4 个中的第 1 个）
26.      reg [7:0] s_addr_wr_save_basic;
27.
```

```
28.    reg s_btn1_wr_flag;
29.    reg s_btn2_wr_flag;
30.    reg s_btn_rd_flag;
31.    reg [1:0] s_wr_rd_cnt; //每次启动读或写均为 4 个
32. //--------------------------------------------------------------------------
33. //                          电路实现
34. //--------------------------------------------------------------------------
35.    //检测 btn 的上升沿
36.    always @(posedge clk_i or negedge rst_n_i)
37.    begin
38.      if(rst_n_i == 1'b0) begin
39.        s_btn1_wr_reg1 <= 1'b0;
40.        s_btn1_wr_reg2 <= 1'b0;
41.        s_btn2_wr_reg1 <= 1'b0;
42.        s_btn2_wr_reg2 <= 1'b0;
43.        s_btn_rd_reg1  <= 1'b0;
44.        s_btn_rd_reg2  <= 1'b0;
45.      end
46.      else begin
47.        s_btn1_wr_reg1 <= btn1_wr_i;
48.        s_btn1_wr_reg2 <= s_btn1_wr_reg1;
49.        s_btn2_wr_reg1 <= btn2_wr_i;
50.        s_btn2_wr_reg2 <= s_btn2_wr_reg1;
51.        s_btn_rd_reg1  <= btn_rd_i;
52.        s_btn_rd_reg2  <= s_btn_rd_reg1;
53.      end
54.    end
55.
56.    assign eeprom_wr_run_o = s_btn1_wr_flag || s_btn2_wr_flag;
57.    assign eeprom_rd_run_o = s_btn_rd_flag;
58.
59.    //指示 btn1 和 btn2 有数据要发送，1 表示有数据要发送
60.    //0 表示数据已放在 tx 寄存器中待发或没有要发送的 btn 数据
61.    always @(posedge clk_i or negedge rst_n_i)
62.    begin
63.      if(rst_n_i == 1'b0) begin
64.        s_btn1_wr_flag <= 1'b0;
65.        s_btn2_wr_flag <= 1'b0;
66.        s_btn_rd_flag  <= 1'b0;
67.        btn1_wr_o      <= 1'b0;
68.        btn2_wr_o      <= 1'b0;
69.        btn_rd_o       <= 1'b0;
70.      end
71.      else begin //指示目前正在响应哪个按键的命令
72.        if(s_btn1_wr_reg1 == 1'b1 && s_btn1_wr_reg2 ==1'b0)
73.          s_btn1_wr_flag <= 1'b1;
74.        else if(s_btn1_wr_flag == 1'b1 &&  s_wr_rd_cnt == 2'b11  && done_sig_i == 1'b1) begin
75.          s_btn1_wr_flag <= 1'b0;
76.          btn1_wr_o <= 1'b1;
77.        end
78.        else if(uart_send_rdy_i == 1'b1)
79.          btn1_wr_o <= 1'b0;
```

```
80.
81.        if(s_btn2_wr_reg1 == 1'b1  &&  s_btn2_wr_reg2 == 1'b0)
82.          s_btn2_wr_flag <= 1'b1;
83.        else if(s_btn2_wr_flag == 1'b1  &&  s_wr_rd_cnt == 2'b11  &&  done_sig_i == 1'b1) begin
84.          s_btn2_wr_flag <= 1'b0;
85.          btn2_wr_o <= 1'b1;
86.        end
87.        else if(uart_send_rdy_i == 1'b1)
88.          btn2_wr_o <= 1'b0;
89.
90.        if(s_btn_rd_reg1 == 1'b1  &&  s_btn_rd_reg2 == 1'b0)
91.          s_btn_rd_flag <= 1'b1;
92.        else if(s_btn_rd_flag == 1'b1  &&  s_wr_rd_cnt == 2'b11  &&  done_sig_i == 1'b1) begin
93.          s_btn_rd_flag <= 1'b0;
94.          btn_rd_o <= 1'b1;
95.        end
96.        else if(uart_send_rdy_i == 1'b1)
97.          btn_rd_o <= 1'b0;
98.     end
99.   end
100.
101. always @(posedge clk_i or negedge rst_n_i)
102. begin
103.    if(rst_n_i == 1'b0)
104.      s_wr_rd_cnt <= 2'b00;
105.    else begin
106.      if(s_wr_rd_cnt == 2'b11  &&  done_sig_i == 1'b1)
107.        s_wr_rd_cnt <= 2'b00;
108.      else if (done_sig_i == 1'b1)
109.        s_wr_rd_cnt <= s_wr_rd_cnt + 2'b01;
110.      end
111. end
112.
113. always @(posedge clk_i or negedge rst_n_i)
114. begin
115.    if(rst_n_i == 1'b0) begin
116.      eeprom_data1_o <= 8'h00;
117.      eeprom_data2_o <= 8'h00;
118.      eeprom_data3_o <= 8'h00;
119.      eeprom_data4_o <= 8'h00;
120.      addr_o          <= 8'h00;
121.      wr_data_o       <= 8'h00;
122.      s_addr_wr_save_basic <= 8'h00;
123.    end
124.
125.    else begin
126.      if(s_btn1_wr_flag == 1'b1) begin
127.        s_addr_wr_save_basic <= WR_BTN1_ADDR;
128.        if(s_wr_rd_cnt == 2'b00) begin
129.          eeprom_data1_o <= WR_BTN1_DATA1;
130.          addr_o          <= WR_BTN1_ADDR;
131.          wr_data_o       <= WR_BTN1_DATA1;
```

```
132.              end
133.              else if(s_wr_rd_cnt == 2'b01) begin
134.                eeprom_data2_o <= WR_BTN1_DATA2;
135.                addr_o          <= WR_BTN1_ADDR + 8'h01;
136.                wr_data_o       <= WR_BTN1_DATA2;
137.              end
138.              else if(s_wr_rd_cnt == 2'b10) begin
139.                eeprom_data3_o <= WR_BTN1_DATA3;
140.                addr_o          <= WR_BTN1_ADDR + 8'h02;
141.                wr_data_o       <= WR_BTN1_DATA3;
142.              end
143.              else if(s_wr_rd_cnt == 2'b11) begin
144.                eeprom_data4_o <= WR_BTN1_DATA4;
145.                addr_o          <= WR_BTN1_ADDR + 8'h03;
146.                wr_data_o       <= WR_BTN1_DATA4;
147.              end
148.            end
149.
150.          else if(s_btn2_wr_flag == 1'b1) begin
151.            s_addr_wr_save_basic <= WR_BTN2_ADDR;
152.            if(s_wr_rd_cnt == 2'b00) begin
153.              eeprom_data1_o <= WR_BTN2_DATA1;
154.              addr_o          <= WR_BTN2_ADDR;
155.              wr_data_o       <= WR_BTN2_DATA1;
156.            end
157.            else if(s_wr_rd_cnt == 2'b01) begin
158.              eeprom_data2_o <= WR_BTN2_DATA2;
159.              addr_o          <= WR_BTN2_ADDR + 8'h01;
160.              wr_data_o       <= WR_BTN2_DATA2;
161.            end
162.            else if(s_wr_rd_cnt == 2'b10) begin
163.              eeprom_data3_o <= WR_BTN2_DATA3;
164.              addr_o          <= WR_BTN2_ADDR + 8'h02;
165.              wr_data_o       <= WR_BTN2_DATA3;
166.            end
167.            else if(s_wr_rd_cnt == 2'b11) begin
168.              eeprom_data4_o <= WR_BTN2_DATA4;
169.              addr_o          <= WR_BTN2_ADDR + 8'h03;
170.              wr_data_o       <= WR_BTN2_DATA4;
171.            end
172.          end
173.
174.          else if(s_btn_rd_flag == 1'b1) begin
175.            if(s_wr_rd_cnt == 2'b00)
176.              addr_o <= s_addr_wr_save_basic;
177.            else if(s_wr_rd_cnt == 2'b01)
178.              addr_o <= s_addr_wr_save_basic + 8'h01;
179.            else if(s_wr_rd_cnt == 2'b10)
180.              addr_o <= s_addr_wr_save_basic + 8'h02;
181.            else if(s_wr_rd_cnt == 2'b11)
182.              addr_o <= s_addr_wr_save_basic + 8'h03;
183.
```

```
184.          if(s_wr_rd_cnt == 2'b00 &&  done_sig_i == 1'b1)
185.            eeprom_data1_o <= rd_data_i;
186.          else if(s_wr_rd_cnt == 2'b01 &&  done_sig_i == 1'b1)
187.            eeprom_data2_o <= rd_data_i;
188.          else if(s_wr_rd_cnt == 2'b10 &&  done_sig_i == 1'b1)
189.            eeprom_data3_o <= rd_data_i;
190.          else if(s_wr_rd_cnt == 2'b11  &&  done_sig_i == 1'b1)
191.            eeprom_data4_o <= rd_data_i;
192.      end
193.   end
194. end
```

步骤 3：完善 ascii_encode.v 文件

将程序清单 9-2 中的第 5 至 34 行代码输入 ascii_encode.v 文件的电路实现部分，并参考 2.3 节步骤 5 检查语法。

在第 5 至 34 行代码中，第 6 行用于存储表示写入或读取的字符，用于在计算机的串口助手上区分得到的数据是写入的还是读取的，第 8 至 30 行用于存储写入或读取的数据，第 32 至 34 行则用于存储换行符。

程序清单 9-2

```
1.  //---------------------------------------------------------------------------
2.  //                              电路实现
3.  //---------------------------------------------------------------------------
4.
5.    //把字符或数字转换成 ASCII 表示
6.    assign  disp_data_o[0:`BYTE_SIZE*6-1] =  (btn1_2_wr_rdy_i == 1'b1) ? "write:" : "\ read:";
7.
8.    assign    disp_data_o[48:55] =   eeprom_data1_i[7:4]  <   4'hA  ?   8'b00110000   |
{4'b0000,eeprom_data1_i[7:4]} :
9.                       {4'b0000,eeprom_data1_i[7:4]} + 8'b00110111;
10.
11.   assign    disp_data_o[56:63] =   eeprom_data1_i[3:0]  <   4'hA  ?   8'b00110000   |
{4'b0000,eeprom_data1_i[3:0]} :
12.                       {4'b0000,eeprom_data1_i[3:0]} + 8'b00110111;
13.
14.   assign    disp_data_o[64:71] =   eeprom_data2_i[7:4]  <   4'hA  ?   8'b00110000   |
{4'b0000,eeprom_data2_i[7:4]} :
15.                       {4'b0000,eeprom_data2_i[7:4]} + 8'b00110111;
16.
17.   assign    disp_data_o[72:79] =   eeprom_data2_i[3:0]  <   4'hA  ?   8'b00110000   |
{4'b0000,eeprom_data2_i[3:0]} :
18.                       {4'b0000,eeprom_data2_i[3:0]} + 8'b00110111;
19.
20.   assign    disp_data_o[80:87] =   eeprom_data3_i[7:4]  <   4'hA  ?   8'b00110000   |
{4'b0000,eeprom_data3_i[7:4]} :
21.                       {4'b0000,eeprom_data3_i[7:4]} + 8'b00110111;
22.
23.   assign    disp_data_o[88:95] =   eeprom_data3_i[3:0]  <   4'hA  ?   8'b00110000   |
{4'b0000,eeprom_data3_i[3:0]} :
24.                       {4'b0000,eeprom_data3_i[3:0]} + 8'b00110111;
25.
```

```
26.   assign    disp_data_o[96:103] = eeprom_data4_i[7:4] < 4'hA ? 8'b00110000 |
{4'b0000,eeprom_data4_i[7:4]} :
27.                      {4'b0000,eeprom_data4_i[7:4]} + 8'b00110111;
28.
29.   assign    disp_data_o[104:111] = eeprom_data4_i[3:0] < 4'hA ? 8'b00110000 |
{4'b0000,eeprom_data4_i[3:0]} :
30.                      {4'b0000,eeprom_data4_i[3:0]} + 8'b00110111;
31.
32.   assign  disp_data_o[112:119] = 8'h0D;  //x"0D"x"0A" 表示换行符
33.
34.   assign  disp_data_o[120:127] = 8'h0A;
```

步骤 4：完善 eeprom.v 文件

将程序清单 9-3 中的代码分别输入 eeprom.v 文件的信号定义、模块例化和电路实现部分，并参考 2.3 节步骤 5 检查语法，下面对关键语句进行解释。

（1）第 62 至 95 行代码：EEPROM 读写控制状态机，具体过程可参考如图 9-14 所示的状态转换图。

（2）第 97 至 125 行代码：产生 EEPROM 读写开始信号，输出的信号在 iic_com.v 文件的状态机中起作用。

程序清单 9-3

```
1.  //------------------------------------------------------------------
2.  //                      信号定义
3.  //------------------------------------------------------------------
4.   reg [1:0] curr_state; //状态机当前状态
5.   reg [1:0] next_state; //状态机下一状态
6.
7.   reg [1:0] s_next_start_sig ;
8.   wire s_btn1_wr_rdy;
9.   wire s_btn2_wr_rdy;
10.  wire s_btn_rd_rdy;
11.  wire s_eeprom_wr_run;
12.  wire s_eeprom_rd_run;
13.  wire s_btn1_2_wr_rdy;
14.
15.  wire [7:0] s_uart_data_1;
16.  wire [7:0] s_uart_data_2;
17.  wire [7:0] s_uart_data_3;
18.  wire [7:0] s_uart_data_4;
19.  //------------------------------------------------------------------
20.  //                      模块例化
21.  //------------------------------------------------------------------
22.   btn_wr_rd u_btn_wr_rd
23.   (
24.     .clk_i          (clk_50mhz_i),
25.     .rst_n_i        (rst_n_i),
26.     .btn1_wr_i      (s_btn1_wr_clr_jitter),
27.     .btn2_wr_i      (s_btn2_wr_clr_jitter),
28.     .btn_rd_i       (s_btn_rd_clr_jitter),
29.     .done_sig_i     (s_done_sig),
30.     .uart_send_rdy_i (s_uart_send_rdy),
```

```
31.       .rd_data_i        (s_rd_data),
32.       .addr_o           (s_addr),
33.       .wr_data_o         (s_data),
34.       .btn1_wr_o        (s_btn1_wr_rdy),
35.       .btn2_wr_o        (s_btn2_wr_rdy),
36.       .btn_rd_o         (s_btn_rd_rdy),
37.       .eeprom_wr_run_o (s_eeprom_wr_run),
38.       .eeprom_rd_run_o (s_eeprom_rd_run),
39.       .eeprom_data1_o (s_uart_data_1),
40.       .eeprom_data2_o (s_uart_data_2),
41.       .eeprom_data3_o (s_uart_data_3),
42.       .eeprom_data4_o (s_uart_data_4)
43.     );
44.
45.   ascii_encode u_ascii_encode
46.   (
47.       .btn1_2_wr_rdy_i (s_btn1_2_wr_rdy),
48.       .eeprom_data1_i (s_uart_data_1),
49.       .eeprom_data2_i (s_uart_data_2),
50.       .eeprom_data3_i (s_uart_data_3),
51.       .eeprom_data4_i (s_uart_data_4),
52.       .disp_data_o     (s_disp_data)
53.     );
54. //--------------------------------------------------------------------------
55. //                                   电路实现
56. //--------------------------------------------------------------------------
57.   assign s_btn1_2_wr_rdy = s_btn1_wr_rdy || s_btn2_wr_rdy;
58.
59.   assign s_wr_rec_rdy = s_btn1_wr_rdy || s_btn2_wr_rdy || s_btn_rd_rdy;
60.
61.   //EEPROM 读写控制状态机
62.   always @(posedge clk_50mhz_i or negedge rst_n_i)
63.   begin
64.     if(rst_n_i ==1'b0)
65.       curr_state <= `EEP_IDLE;
66.     else
67.       curr_state <= next_state;
68.   end
69.
70.   //EEPROM 读写控制状态机
71.   always @(curr_state or s_done_sig or s_eeprom_wr_run or s_eeprom_rd_run)
72.   begin
73.     next_state <= curr_state;
74.     case(curr_state)
75.       `EEP_IDLE :
76.         if(s_eeprom_wr_run ==1'b1)
77.           next_state <= `EEP_WR;
78.         else if(s_eeprom_rd_run ==1'b1)
79.           next_state <= `EEP_RD;
80.       `EEP_WR :
81.         if(s_done_sig ==1'b1)
82.           next_state <= `EEP_STOP;
```

```
83.        else
84.          next_state <= `EEP_WR;
85.       `EEP_RD :
86.        if(s_done_sig ==1'b1)
87.          next_state <= `EEP_STOP;
88.        else
89.          next_state <= `EEP_RD;
90.       `EEP_STOP :
91.         next_state <= `EEP_IDLE;
92.       default :
93.         next_state <= `EEP_IDLE;
94.     endcase
95.   end
96.
97.   //EEPROM 读写控制
98.   always @(posedge clk_50mhz_i or negedge rst_n_i)
99.   begin
100.    if(rst_n_i ==1'b0)
101.      s_start_sig <= 2'b00 ;
102.    else
103.      s_start_sig <= s_next_start_sig;
104.   end
105.
106.   always @(next_state or s_start_sig or s_done_sig)
107.   begin
108.     s_next_start_sig <= s_start_sig;
109.     case(next_state)
110.       `EEP_WR :
111.        if(s_done_sig ==1'b1)
112.          s_next_start_sig <= 2'b00;
113.        else
114.          s_next_start_sig <= 2'b01;
115.       `EEP_RD :
116.        if(s_done_sig ==1'b1)
117.          s_next_start_sig <= 2'b00;
118.        else
119.          s_next_start_sig <= 2'b10;
120.       `EEP_STOP :
121.        s_next_start_sig <= 2'b00;
122.       default :
123.        s_next_start_sig <= 2'b00;
124.     endcase
125.   end
```

步骤 5：仿真测试

检查完 eeprom.v 文件的语法之后，对 EEPROM 模块进行仿真。在仿真之前，需要先对 clk_gen_50hz 模块的分频频率进行修改，以减少仿真过程的等待时间。打开 clk_gen_50hz.v 文件，如程序清单 9-4 所示，将 CNT_HALF 和 CNT_MAX 的值分别修改为 4 和 9，对原来的值先进行注释，待仿真验证成功后再将数值修改回原值。

程序清单 9-4

```
1.    //parameter CNT_MAX  = 20'd999_999; //0 计数到 999999 为 1000000
2.    //parameter CNT_HALF = 20'd499_999; //0 计数到 499999 为 500000
3.
4.    parameter CNT_MAX  = 20'd9; //仿真时钟分频参数
5.    parameter CNT_HALF = 20'd4; //仿真时钟分频参数
```

本实验已经提供了完整的测试文件 eeprom_tf.v，可以直接参考 2.3 节步骤 7 对 EEPROM 模块进行仿真。如图 9-17 所示，epr_sda_io 类型为 inout，在 I²C 协议中，总线既用于主机（FPGA）发送命令和数据，又用于从机（EEPROM）发送响应应答信号 ACK，因此涉及了总线的占用与释放问题。当输出 epr_sda_io 为高阻态（Z）时，在高阻态下主机输出对下级电路无任何影响，主机不再占用总线，将总线释放。此时外部的 SDA 上的数据可以读进来，实现了控制器释放总线，将总线交由从机 EEPROM，进而 FPGA 可将 EEPROM 发出的数据（ACK）读进来。

可以看到当按下 btn1 时，epr_sda_io、epr_scl_o 开始输出时钟信号和数据信号，FPGA 向 EEPROM 写入数据。在数据写完之后，FPGA 输出高阻态，将总线释放，等待 EEPROM 的响应信号。因为在该仿真代码中没有对响应信号进行仿真，FPGA 没有接收到 EEPROM 的响应信号，所以 FPGA 会不断向 EEPROM 重复写入数据并等待 EEPROM 的响应。

注意，仿真验证无误后要将 clk_gen_50hz 模块的分频参数修改回原值。

图 9-17　查看仿真结果

步骤 6：板级验证

本实验已提供了完整的引脚约束文件，参考 2.3 节步骤 9，将工程编译生成.bit 文件，并将其下载到 FPGA 高级开发系统上，然后在串口助手上显示读写的内容。按独立按键 KEY₁，串口助手显示 write:76543210；按独立按键 KEY₂，串口助手显示 write:89ABCDEF；按独立按键 KEY₃，串口助手显示 FPGA 芯片从 EEPROM 中读取最后一次写入的数据。

本　章　任　务

在本实验的基础上，在七段数码管上显示读写的内容，按独立按键 KEY₁，FPGA 芯片向 EEPROM 写入数据 76543210；按独立按键 KEY₂，FPGA 芯片向 EEPROM 写入数据 89ABCDEF；按独立按键 KEY₃，FPGA 芯片从 EEPROM 中读取最后一次写入的数据。注意，最后一次写入的数据与读取的数据显示的内容是一样的，因此需要对读取和写入的数据显示进行区分。例如，写入的数据从左到右显示，读取的数据从右到左显示，或者在按键按下时清除数码管数据，弹起时再显示新的数据等，区分方式不限。

本 章 习 题

1．简述 I^{2}C 的基本概念。
2．简述 I^{2}C 的时序特点。
3．简述 I^{2}C 协议的页读写数据时序变化。
4．简述 I^{2}C 器件之间数据的通信过程。
5．FPGA 是怎么实现总线的占用与释放的？

第 10 章　读写外部 Flash 实验

Flash 属于内存器件中的一种，不仅具备电子可擦除、可编程的性能，还不会因断电而丢失数据，同时可以快速读取数据。Flash 和 EEPROM 的最大区别是 EEPROM 可以按字节进行数据改写，Flash 只能先擦除一个区间，然后改写其内容。在通常情况下，这个擦除区间叫作扇区，也有部分厂家引入了页面的概念。选择 Flash 产品时，最小擦除区间是比较重要的指标。在写入 Flash 时，如果写入的数据不能正好是一个最小擦除区间的尺寸，就需要把整个区间的数据全部保存到另外一个存储空间，再擦除这个空间，然后才能重新对这个区间进行改写。Flash 按接口可以分为两大类：并行 Flash 和串行 Flash。并行 Flash 存储量大，速度快；而串行 Flash 存储量相对较小，但体积小，连线简单，可减小电路面积，节约成本。本章将通过学习 SPI 通信设计，完成 FPGA 对外部 Flash 的读写实验。

10.1　实　验　内　容

基于 FPGA 高级开发系统设计一个读写外部 Flash 实验，可实现：按独立按键 KEY$_1$，FPGA 向外部 Flash 写 76543210；按独立按键 KEY$_2$，FPGA 向外部 Flash 写 89ABCDEF；按独立按键 KEY$_3$，FPGA 从外部 Flash 读最后一次写入的数据。读写的数据都可通过串口，在串口助手上显示。

10.2　实　验　原　理

10.2.1　SPI Flash 电路原理图

FPGA 高级开发系统上 XC6SLX16 芯片的 F7、D6、C6 和 C5 引脚分别连接 W25Q128FVSIG 芯片的片选引脚、时钟引脚、数据输出引脚和数据输入引脚。片选引脚 CS#低电平有效，在高电平时则工作在待机状态，此时串行数据输出（DQ1）为高阻抗状态。写保护引脚 WP#能够限制写指令和擦除指令的操作区域，低电平有效，空闲状态时为高电平。控制端引脚 HOLD 低电平有效，暂停串行通信。WP#和 HOLD 用于数据保护和空闲模式的低功耗运行，若不使用则可将其置为高电平。SPI Flash 电路原理图如图 10-1 所示。

图 10-1　SPI Flash 电路原理图

10.2.2　SPI 协议

SPI 是串行外设接口（Serial Peripheral Interface）的英文缩写，是 Motorola 公司推出的一种同步串行接口技术，是一种高速、全双工、同步的通信总线。SPI 接口主要应用在 EEPROM、Flash、实时时钟、A/D 转换器，以及数字信号处理器和数字信号解码器之间。

SPI 系统总线只需要 3 根公共的连接线：时钟线 SCLK 及数据线 MOSI 和 MISO，SPI 总线物理拓扑结构如图 10-2 所示。

图 10-2　SPI 总线物理拓扑结构

SPI 接口通常使用 4 根连接线进行通信，即有 4 种信号。

（1）MISO：从机到主机的数据信号，用于收集从机所传输的数据信号。

（2）MOSI：主机到从机的数据信号，用于将主机的执行代码和数据发送到从机上。

（3）SCLK：时钟信号，由主机产生。

（4）CS：从机片选信号，由主机控制。

SPI 经典结构如图 10-3 所示。

如图 10-4 所示，当有多个从机时，每个从机上都有一个片选引脚连接到主机，因此当主机和某个从机通信时需要将从机对应的片选引脚电平拉高或拉低。

图 10-3　SPI 经典结构　　图 10-4　单主机/多从机通信结构图

10.2.3　W25Q128 芯片

W25Q128 芯片是一款带有先进写保护机制和高速 SPI 总线访问的 128Mbit 串行 Flash 存储器，该芯片的引脚图如图 10-5 所示。

W25Q128 芯片的引脚说明如表 10-1 所示，该芯片共有 8 个引脚。

图 10-5　W25Q128 芯片的引脚图

表 10-1　W25Q128 芯片的引脚说明

引脚编号	引脚名称	描　　述
1	CS#	片选引脚，低电平有效
2	DO	串行数据输出引脚
3	WP#	写保护引脚，低电平有效
4	GND	接地
5	DI	串行数据输入引脚
6	CLK	串行时钟输入引脚
7	HOLD#	暂停引脚，用于暂停主机与设备的任何串行通信，不需要取消选择设备
8	VCC	接电源

根据数据手册可得 W25Q128 芯片的部分操作指令代码，如表 10-2 所示。W25Q128 芯片的 SPI Flash 指令较多，所有指令都是 8 位。操作时先将片选信号拉低选中器件，然后输入 1 字节（8 位）操作指令代码，串行数据在片选信号拉低后的第一个时钟上升沿被采样，SPI Flash 启动内部控制逻辑，自动完成相应操作。有些操作在输入指令后需要输入地址字节和伪字节，在操作完成后再将片选信号拉高。

表 10-2　W25Q128 芯片部分操作指令代码

命令名称	1字节操作指令代码		地址字节	伪字节	数据字节
写使能	00000110	06h	0	0	0
禁止写	00000100	04h	0	0	0
读芯片 ID	10011111	9Fh	0	0	1～20
读状态寄存器	00000101	05h	0	0	1～∞
读取数据	00001100	03h	3	0	1～∞
页面编程	00000010	02h	3	0	1～256
扇区擦除	11011000	D8h	3	0	0

10.2.4　SPI 通信模式

SPI 通信有 4 种不同的模式，不同的从机在出厂时可能就已经被配置为某种模式，这是不能改变的，但主机和从机通信双方必须工作在同一模式下，所以可以对主机的 SPI 模式进行配置，通过 CPOL（时钟极性）和 CPHA（时钟相位）来控制主机的通信模式，具体如下。

Mode0：CPOL=0，CPHA=0。

Mode1：CPOL=0，CPHA=1。

Mode2：CPOL=1，CPHA=0。

Mode3：CPOL=1，CPHA=1。

时钟极性 CPOL 用于配置 SCLK 的电平处于空闲状态或有效状态。

CPOL=0，表示当 SCLK=0 时，串行同步时钟的空闲状态为低电平，有效状态就是 SCLK 处于高电平时。

CPOL=1，表示当 SCLK=1 时，串行同步时钟的空闲状态为高电平，有效状态就是 SCLK 处于低电平时。

时钟相位 CPHA 用于配置数据采样处于第几个边沿。

CPHA=0，表示数据采样在串行同步时钟的第 1 个边沿（上升或下降），数据输出在第 2 个边沿（上升或下降）。

CPHA=1，表示数据采样在串行同步时钟的第 2 个边沿（上升或下降），数据输出在第 1 个边沿（上升或下降）。

下面对这 4 种模式进行时序分析。

（1）CPOL=0，CPHA=0：当 SCLK 为低电平时是空闲状态，数据采样在第 1 个边沿，即 SCLK 由低电平到高电平跳变，所以数据采样在上升沿，数据输出在下降沿，如图 10-6 所示。

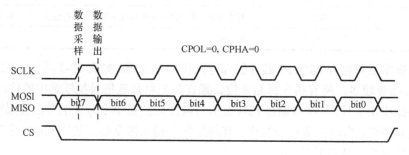

图 10-6　CPOL=0，CPHA=0

（2）CPOL=0，CPHA=1：当 SCLK 为低电平时是空闲状态，数据输出在第 1 个边沿，即 SCLK 由低电平到高电平跳变，所以数据采样在下降沿，数据输出在上升沿，如图 10-7 所示。

图 10-7　CPOL=0，CPHA=1

（3）CPOL=1，CPHA=0：当 SCLK 为高电平时是空闲状态，数据采样在第 1 个边沿，即 SCLK 由高电平到低电平跳变，所以数据采样在下降沿，数据输出在上升沿，如图 10-8 所示。

图 10-8　CPOL=1，CPHA=0

（4）CPOL=1，CPHA=1：当 SCLK 为高电平时是空闲状态，数据输出在第 1 个边沿，即

SCLK 由高电平到低电平跳变，所以数据采样在上升沿，数据输出在下降沿，如图 10-9 所示。

图 10-9　CPOL=1，CPHA=1

10.2.5　读写外部 Flash 实验状态机

Flash 的 SPI 通信状态转换图如图 10-10 所示，分为初始空闲状态 IDLE、发送命令状态 CMD_SEND、发送地址状态 ADDR_SEND、读数据等待状态 READ_WAIT、写数据状态 WRITE_DATA 和完成状态 FINISH_DONE。该状态机是在 flash_spi.v 文件中实现的，本书配套资料包的 Material 文件夹中有完整代码供读者参考。

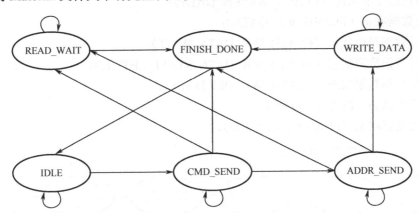

图 10-10　Flash 的 SPI 通信状态转换图

Flash 的 SPI 通信状态转换条件如表 10-3 所示。

表 10-3　Flash 的 SPI 通信状态转换条件

当 前 状 态	下 一 状 态	转 换 条 件
IDLE	IDLE	没有接收到命令
IDLE	CMD_SEND	接收到操作命令请求
CMD_SEND	FINISH_DONE	接收到的操作命令是写启用或禁止写
CMD_SEND	READ_WAIT	接收到的操作命令是读寄存器
CMD_SEND	ADDR_SEND	接收到的操作命令是发送地址
ADDR_SEND	FINISH_DONE	接收到结束命令
ADDR_SEND	WRITE_DATA	完成 24 位地址的发送，并接收到写数据命令

续表

当 前 状 态	下 一 状 态	转 换 条 件
ADDR_SEND	READ_WAIT	完成 24 位地址的发送，并接收到读数据命令
READ_WAIT	FINISH_DONE	完成读数据操作
WRITE_DATA	FINISH_DONE	完成写数据操作
FINISH_DONE	IDLE	完成各种标志信号的设置

利用状态机进行控制能够准确、有条理地完成对 SPI Flash 的操作，该状态机在 flash.v 文件中实现，Flash 读写擦除状态转换图如图 10-11 所示，SPI Flash 控制器的工作状态可划分为以下几种：

（1）空闲状态（FLASH_IDLE）；

（2）读芯片 ID 状态（FLASH_ID_RD）；

（3）擦除写使能指令状态（FLASH_WR_EN_ERASE）；

（4）块擦除状态（FLASH_BLOCK_ERASE）；

（5）擦除等待状态（FLASH_ERASE_WAIT）；

（6）擦除检测状态（FLASH_ERASE_STAT1_CHECK）；

（7）擦除禁止写指令状态（FLASH_WR_DIS_ERASE）；

（8）写数据使能状态（FLASH_WR_EN_DATA）；

（9）写数据状态（FLASH_WR_DATA）；

（10）写数据等待状态（FLASH_WR_DATA_WAIT）；

（11）写数据检测状态（FLASH_WR_DATA_STAT1_CHECK）；

（12）禁止写数据状态（FLASH_WR_DIS_DATA）；

（13）停止状态（FLASH_STOP）；

（14）读数据状态（FLASH_DATA_RD）。

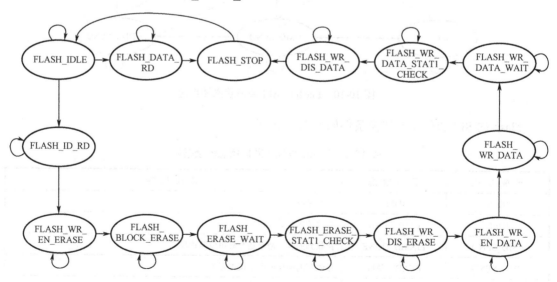

图 10-11　Flash 读写擦除状态转换图

Flash 读写擦除状态转换条件如表 10-4 所示。

表 10-4　Flash 读写擦除状态转换条件

当 前 状 态	下 一 状 态	转 换 条 件
FLASH_IDLE	FLASH_ID_RD	接收到读芯片 ID 命令
FLASH_ID_RD	FLASH_WR_EN_ERASE	读芯片 ID 完成信号为 1，进入擦除写使能指令状态
FLASH_WR_EN_ERASE	FLASH_BLOCK_ERASE	擦除写使能指令完成信号为 1，进入块擦除状态
FLASH_BLOCK_ERASE	FLASH_ERASE_WAIT	块擦除完成信号为 1，进入擦除等待状态
FLASH_ERASE_WAIT	FLASH_ERASE_STAT1_CHECK	延迟一定时间后，检测擦除情况
FLASH_ERASE_STAT1_CHECK	FLASH_WR_DIS_ERASE	擦除完成，擦除禁止写指令
FLASH_WR_DIS_ERASE	FLASH_WR_EN_DATA	解除禁止写指令后，使能写数据命令
FLASH_WR_EN_DATA	FLASH_WR_DATA	写数据命令使能后，进入写数据状态
FLASH_WR_DATA	FLASH_WR_DATA_WAIT	写数据状态完成信号为 1，进入写数据等待状态
FLASH_WR_DATA_WAIT	FLASH_WR_DATA_STAT1_CHECK	延迟一定时间后，检测写数据情况
FLASH_WR_DATA_STAT1_CHECK	FLASH_WR_DIS_DATA	写数据完成，进入禁止写数据状态
FLASH_WR_DIS_DATA	FLASH_STOP	禁止写数据完成信号为 1，进入停止状态
FLASH_IDLE	FLASH_DATA_RD	接收到读数据命令
FLASH_DATA_RD	FLASH_STOP	读数据完成，进入停止状态
FLASH_STOP	FLASH_IDLE	没接收到其他命令，回到空闲状态

10.2.6　读写外部 Flash 实验内部电路图

读写外部 Flash 实验电路有 10 个引脚，引脚的名称、类型、约束及描述如表 10-5 所示。

表 10-5　读写外部 Flash 实验电路引脚说明

引 脚 名 称	引 脚 类 型	引 脚 约 束	引 脚 描 述
clk_i	in	V10	时钟输入，50MHz
rst_n_i	in	N7	复位输入，低电平复位
btn_rd_i	in	G13	按键输入，按下为低电平
btn1_wr_i	in	F13	按键输入，按下为低电平
btn2_wr_i	in	H12	按键输入，按下为低电平
flash_dataout_i	in	C5	连接 M25P16 芯片数据输出引脚
uart_tx_o	out	D17	连接 CH330N 芯片 RXD 引脚
flash_cs_o	out	F7	连接 M25P16 芯片片选引脚
flash_clk_o	out	D6	连接 M25P16 芯片时钟引脚
flash_datain_o	out	C6	连接 M25P16 芯片数据输入引脚

读写外部 Flash 实验内部电路包括 50Hz 分频模块 u_clk_gen_50hz，按键去抖模块 u_r_clr_jitter_with_reg1、u_w_clr_jitter_with_reg1 和 u_w_clr_jitter_with_reg2，SPI 读写控制模块 u_flash_spi，按键检测模块 u_btn_wr_rd，编码模块 u_ascii_encode，打包模块 u_enpacket，串口发送模块 u_uart_trans。此外，还有一个 Flash 读写控制状态机（fsm）。读写外部 Flash

实验内部电路图如图 10-12 所示。

图 10-12　读写外部 Flash 实验内部电路图

10.3　实　验　步　骤

步骤 1：复制工程文件夹并添加 Verilog 文件

将"D:\Spartan6FPGATest\Material"目录中的 exp09_flash 文件夹复制到"D:\Spartan6FPGATest\Product"目录中。然后，双击运行"D:\Spartan6FPGATest\Product\exp09_flash\project"目录中的 flash.xise 文件打开工程，该工程的顶层文件为 flash.v。

步骤 2：完善 btn_wr_rd.v 文件

将程序清单 10-1 中的代码输入 btn_wr_rd.v 文件的参数定义、信号定义和电路实现部分，并参考 2.3 节步骤 5 检查语法，下面对关键语句进行解释。

（1）第 35 至 54 行代码：检测 btn1_wr_i、btn2_wr_i 和 btn_rd_i 的上升沿，并输出 Flash 读写状态机启动标志 flash_btn1_wr_run_o、flash_btn2_wr_run_o 和 flash_btn_rd_run_o，当标志为 1 时表示读写操作未完成，这时启动读写状态机完成读写操作。

（2）第 60 至 100 行代码：读写标志和数据发送标志的输出。具体过程如下：当复位时，相关参数回到初始值 0；在 clk_i 上升沿，根据条件响应相应的命令。以第一部分响应 btn1 的命令为例进行说明，如果 s_btn1_wr_reg1 为高电平，s_btn1_wr_reg2 为低电平，那么将标志位 s_btn1_wr_flag 置 1；如果标志位 s_btn1_wr_flag 为 1、prog_finish_i 为 1，表示写操作完成，那么将 s_btn1_wr_flag 置 0，同时将 btn1_wr_o 置 1，表示要写的数据已经完成且可以送到 uart 寄存器发送；如果 uart_send_rdy_i 的值为 1，表示要写的数据已发送到 uart 寄存器中，则将 btn1_wr_o 置 0。

（3）第 102 至 112 行代码：产生数据读计数器。当复位时，计数器 s_rd_cnt 清零。在 clk_i 的上升沿，如果 s_btn_rd_reg1 为 1 且 s_btn_rd_reg2 为 0，表示读操作的按键按下，则将计数器 s_rd_cnt 清零；如果 s_btn_rd_flag 为 1 且 rd_data_val_i 和 rding_i 也为 1，即读取的数据为有效数据且正在读取时，则 s_rd_cnt 执行加 1 计数操作。

（4）第 114 至 154 行代码：进行数据的读写操作。具体过程如下：当复位时，相关参数回到初始值 0；在 clk_i 的上升沿，通过判断读写标志执行相应的读写操作。写操作以第一个 if 语句为例进行说明，如果 s_btn1_wr_flag 的值为 1，那么将 WR_BTN1_ADDR 赋给写数据的首地址 s_addr_wr_save_basic 和 addr_o，并且把 WR_BTN1_DATA1～WR_BTN1_DATA4 依次输出给 uart_data1_o～uart_data4_o。读操作则是当 s_btn_rd_flag 为 1 时，将上一次写数据时保存的首地址 s_addr_wr_save_base 输出给 addr_o，然后根据读计数器 s_rd_cnt 的值依次将 rd_data_i 的值输出给 uart_data1_o～uart_data4_o。

程序清单 10-1

```
1.    //-------------------------------------------------------------------
2.    //                          参数定义
3.    //-------------------------------------------------------------------
4.      parameter WR_BTN1_ADDR  = 24'h000000;
5.      parameter WR_BTN1_DATA1 = 8'b01110110;
6.      parameter WR_BTN1_DATA2 = 8'b01010100;
7.      parameter WR_BTN1_DATA3 = 8'b00110010;
8.      parameter WR_BTN1_DATA4 = 8'b00010000;
9.
10.     parameter WR_BTN2_ADDR  = 24'h000100;
11.     parameter WR_BTN2_DATA1 = 8'b10001001;
12.     parameter WR_BTN2_DATA2 = 8'b10101011;
13.     parameter WR_BTN2_DATA3 = 8'b11001101;
14.     parameter WR_BTN2_DATA4 = 8'b11101111;
15.   //-------------------------------------------------------------------
16.   //                          信号定义
17.   //-------------------------------------------------------------------
18.     reg s_btn1_wr_reg1;
19.     reg s_btn1_wr_reg2;
20.     reg s_btn2_wr_reg1;
21.     reg s_btn2_wr_reg2;
22.     reg s_btn_rd_reg1;
23.     reg s_btn_rd_reg2;
24.
25.     //保存最新的写数据的首地址（4 个中的第 1 个）
26.     reg [23:0] s_addr_wr_save_basic;
27.
28.     reg s_btn1_wr_flag;
29.     reg s_btn2_wr_flag;
30.     reg s_btn_rd_flag;
31.     reg [1:0] s_rd_cnt;
32.   //-------------------------------------------------------------------
33.   //                          电路实现
34.   //-------------------------------------------------------------------
35.     //检测 btn 的上升沿
36.     always @(posedge clk_i or negedge rst_n_i)
37.     begin
38.       if(rst_n_i == 1'b0) begin
39.         s_btn1_wr_reg1 <= 1'b0;
40.         s_btn1_wr_reg2 <= 1'b0;
41.         s_btn2_wr_reg1 <= 1'b0;
42.         s_btn2_wr_reg2 <= 1'b0;
43.         s_btn_rd_reg1  <= 1'b0;
```

```
44.          s_btn_rd_reg2    <= 1'b0;
45.        end
46.      else begin
47.        s_btn1_wr_reg1 <= btn1_wr_i;
48.        s_btn1_wr_reg2 <= s_btn1_wr_reg1;
49.        s_btn2_wr_reg1 <= btn2_wr_i;
50.        s_btn2_wr_reg2 <= s_btn2_wr_reg1;
51.        s_btn_rd_reg1  <= btn_rd_i;
52.        s_btn_rd_reg2  <= s_btn_rd_reg1;
53.      end
54.    end
55.
56.    assign flash_btn1_wr_run_o = s_btn1_wr_flag;
57.    assign flash_btn2_wr_run_o = s_btn2_wr_flag;
58.    assign flash_btn_rd_run_o  = s_btn_rd_flag;
59.
60.    //指示 btn1 和 btn2 有数据要发送， 1 表示有数据要发送
61.    //0 表示数据已放在 tx 寄存器中待发或没有要发送的 btn 数据
62.    always @(posedge clk_i or negedge rst_n_i)
63.    begin
64.      if(rst_n_i == 1'b0) begin
65.        s_btn1_wr_flag <= 1'b0;
66.        s_btn2_wr_flag <= 1'b0;
67.        s_btn_rd_flag  <= 1'b0;
68.        btn1_wr_o      <= 1'b0;
69.        btn2_wr_o      <= 1'b0;
70.        btn_rd_o       <= 1'b0;
71.      end
72.      else begin
73.        if(s_btn1_wr_reg1 == 1'b1 && s_btn1_wr_reg2 == 1'b0)
74.          s_btn1_wr_flag <= 1'b1;
75.        else if(s_btn1_wr_flag == 1'b1 && prog_finish_i == 1'b1) begin
76.          s_btn1_wr_flag <= 1'b0;
77.          btn1_wr_o <= 1'b1;
78.        end
79.        else if(uart_send_rdy_i == 1'b1)
80.          btn1_wr_o <= 1'b0;
81.
82.        if(s_btn2_wr_reg1 == 1'b1 && s_btn2_wr_reg2 == 1'b0)
83.          s_btn2_wr_flag <= 1'b1;
84.        else if(s_btn2_wr_flag == 1'b1 && prog_finish_i == 1'b1) begin
85.          s_btn2_wr_flag <= 1'b0;
86.          btn2_wr_o <= 1'b1;
87.        end
88.        else if(uart_send_rdy_i == 1'b1)
89.          btn2_wr_o <= 1'b0;
90.
91.        if(s_btn_rd_reg1 == 1'b1 && s_btn_rd_reg2 == 1'b0)
92.          s_btn_rd_flag <= 1'b1;
93.        else if(s_btn_rd_flag == 1'b1 && done_sig_i == 1'b1) begin
94.          s_btn_rd_flag <= 1'b0;
95.          btn_rd_o <= 1'b1;
```

```
96.         end
97.         else if(uart_send_rdy_i == 1'b1)
98.           btn_rd_o <= 1'b0;
99.       end
100.   end
101.
102.   always @(posedge clk_i or negedge rst_n_i)
103.   begin
104.     if(rst_n_i == 1'b0)
105.       s_rd_cnt <= 2'b00;
106.     else begin
107.       if(s_btn_rd_reg1 == 1'b1 && s_btn_rd_reg2 == 1'b0)
108.         s_rd_cnt <= 2'b00;
109.       else if(s_btn_rd_flag == 1'b1 && rd_data_val_i == 1'b1 && rding_i == 1'b1)
110.         s_rd_cnt <= s_rd_cnt + 2'b01;
111.     end
112.   end
113.
114.   always @(posedge clk_i or negedge rst_n_i)
115.   begin
116.     if(rst_n_i == 1'b0) begin
117.       uart_data1_o <= 8'h00;
118.       uart_data2_o <= 8'h00;
119.       uart_data3_o <= 8'h00;
120.       uart_data4_o <= 8'h00;
121.       addr_o       <= 24'h000000;
122.       s_addr_wr_save_basic <= 24'h000000;
123.     end
124.
125.     else begin
126.       if(s_btn1_wr_flag == 1'b1) begin
127.         s_addr_wr_save_basic <= WR_BTN1_ADDR;
128.         addr_o       <= WR_BTN1_ADDR;
129.         uart_data1_o <= WR_BTN1_DATA1;
130.         uart_data2_o <= WR_BTN1_DATA2;
131.         uart_data3_o <= WR_BTN1_DATA3;
132.         uart_data4_o <= WR_BTN1_DATA4;
133.       end
134.       else if(s_btn2_wr_flag == 1'b1) begin
135.         s_addr_wr_save_basic <= WR_BTN2_ADDR;
136.         addr_o       <= WR_BTN2_ADDR;
137.         uart_data1_o <= WR_BTN2_DATA1;
138.         uart_data2_o <= WR_BTN2_DATA2;
139.         uart_data3_o <= WR_BTN2_DATA3;
140.         uart_data4_o <= WR_BTN2_DATA4;
141.       end
142.       else if(s_btn_rd_flag == 1'b1) begin
143.         addr_o <= s_addr_wr_save_basic;
144.         if(s_rd_cnt == 0 && rd_data_val_i == 1'b1 && rding_i == 1'b1)
145.           uart_data1_o <= rd_data_i;
146.         else if(s_rd_cnt == 1 && rd_data_val_i == 1'b1 && rding_i == 1'b1)
147.           uart_data2_o <= rd_data_i;
```

```
148.          else if(s_rd_cnt == 2 && rd_data_val_i == 1'b1 && rding_i == 1'b1)
149.            uart_data3_o <= rd_data_i;
150.          else if(s_rd_cnt == 3 && rd_data_val_i == 1'b1 && rding_i == 1'b1)
151.            uart_data4_o <= rd_data_i;
152.        end
153.      end
154.  end
```

步骤 3：完善 flash.v 文件

将程序清单 10-2 中的相关代码分别输入 flash.v 文件的参数定义、信号定义和电路实现部分，并参考 2.3 节步骤 5 检查语法，下面对关键语句进行解释。

（1）第 45 至 54 行代码：实现一个状态寄存器的功能，用于之后判断擦除或写入 Flash 是否编程成功。

（2）第 56 至 241 行代码：Flash 读写擦除状态机的实现。第 56 至 77 行代码实现的是产生当前状态的时序逻辑电路：在复位时，curr_state 为空闲状态 FLASH_IDLE，相关信号为初始值 0；在 clk_i 的上升沿，curr_state 更新为 next_state，相关信号对应更新。第 79 至 241 行代码实现的是产生下一状态、产生相关信号输出的组合逻辑电路，过程简单描述如下：当处于 FLASH_IDLE 状态时，如果 s_flash_btn1_wr_run 或 s_flash_btn2_wr_run 为 1，那么下一状态跳转为 FLASH_ID_RD 读芯片 ID 状态，如果 s_flash_btn_rd_run 为 1，则下一状态跳转为 FLASH_DATA_RD 读数据状态；当处于 FLASH_ID_RD 状态时，如果完成信号 s_done_sig 为 1，则下一状态跳转到 FLASH_WR_EN_ERASE 擦除写使能指令状态，反之，则把命令 CMD_FLASH_ID_RD 赋值给 s_next_flash_cmd，由 flash_spi 模块处理后发送给 Flash，同时命令类型 s_next_cmd_type 赋值为 1000；处于其他状态时同理，具体过程可结合图 10-11 的状态转换图进行理解。

程序清单 10-2

```
1.  //------------------------------------------------------------------------------
2.  //                         参数定义
3.  //------------------------------------------------------------------------------
4.    // 定义 flash 的 CMD
5.    parameter CMD_FLASH_ID_RD       = 8'h9F;
6.    parameter CMD_FLASH_WR_EN       = 8'h06;
7.    parameter CMD_FLASH_BLOCK_ERASE = 8'hd8;
8.    parameter CMD_FLASH_STAT1_RD    = 8'h05;
9.    parameter CMD_FLASH_WR_DIS      = 8'h04;
10.   parameter FLASH_PAGE_PROG       = 8'h02;
11.   parameter CMD_FLSH_DATA_RD      = 8'h03;
12.
13.   parameter  FLASH_IDLE = 4'b0000 ;
14.   parameter  FLASH_ID_RD= 4'b0001 ;
15.   parameter  FLASH_WR_EN_ERASE= 4'b0010;
16.   parameter  FLASH_BLOCK_ERASE= 4'b0011;
17.   parameter  FLASH_ERASE_WAIT = 4'b0100;
18.   parameter  FLASH_ERASE_STAT1_CHECK = 4'b0101;
19.   parameter  FLASH_WR_DIS_ERASE = 4'b0110;
20.   parameter  FLASH_WR_EN_DATA = 4'b0111;
21.   parameter  FLASH_WR_DATA = 4'b1000;
22.   parameter  FLASH_WR_DATA_WAIT= 4'b1001;
```

```
23.    parameter   FLASH_WR_DATA_STAT1_CHECK = 4'b1010;
24.    parameter   FLASH_WR_DIS_DATA = 4'b1011;
25.    parameter   FLASH_STOP = 4'b1100;
26.    parameter   FLASH_DATA_RD = 4'b1101;
27.  //-------------------------------------------------------------------------
28.  //                              信号定义
29.  //-------------------------------------------------------------------------
30.    reg [3:0]  curr_state;
31.    reg [7:0]  s_time_delay;
32.
33.    reg [3:0]  next_state;
34.    reg [23:0]s_next_flash_addr;
35.    reg [7:0]  s_next_flash_cmd;
36.    reg [3:0]  s_next_cmd_type;
37.    reg [7:0]  s_next_time_delay;
38.
39.    reg   s_next_prog_finish;
40.    reg   s_next_rding;
41.    reg [7:0]  s_status_data;
42.  //-------------------------------------------------------------------------
43.  //                              电路实现
44.  //-------------------------------------------------------------------------
45.    always @(posedge s_clk_25M or negedge rst_n_i)
46.    begin
47.      if(rst_n_i == 1'b0)
48.         // 用于保存状态的寄存器，以便判断擦除或写入是否编程成功
49.         s_status_data <= 8'b11111111;
50.      else begin
51.        if(s_rd_data_valid == 1'b1)
52.          s_status_data <= s_rd_data;
53.      end
54.    end
55.
56.    // Flash 的读、写、擦除控制
57.    always @(posedge s_clk_25M or negedge rst_n_i)
58.    begin
59.      if(rst_n_i == 1'b0) begin
60.        curr_state   <= FLASH_IDLE;
61.        s_flash_addr  <= 24'h0;
62.        s_flash_cmd   <= 8'h0;
63.        s_cmd_type    <= 4'h0;
64.        s_time_delay  <= 8'h0;
65.        s_prog_finish <= 1'b0;
66.        s_rding       <= 1'b0;
67.      end
68.      else begin
69.        curr_state    <= next_state;
70.        s_flash_addr  <= s_next_flash_addr;
71.        s_flash_cmd   <= s_next_flash_cmd;
72.        s_cmd_type    <= s_next_cmd_type;
73.        s_time_delay  <= s_next_time_delay;
74.        s_prog_finish <= s_next_prog_finish;
```

```
75.        s_rding          <= s_next_rding;
76.      end
77.    end
78.
79.    always @(curr_state or s_addr or s_flash_addr or s_flash_cmd or s_cmd_type or s_time_delay or
80.        s_prog_finish or s_rding or s_done_sig or s_flash_btn1_wr_run or s_flash_btn2_wr_run or
81.        s_flash_btn_rd_run or s_done_sig or s_status_data)
82.    begin
83.      next_state    = curr_state;
84.      s_next_flash_addr = s_flash_addr;
85.      s_next_flash_cmd  = s_flash_cmd;
86.      s_next_cmd_type   = s_cmd_type;
87.      s_next_time_delay = s_time_delay;
88.      s_next_prog_finish = s_prog_finish;
89.      s_next_rding      = s_rding;
90.      case (curr_state)
91.        FLASH_IDLE : begin
92.          s_next_prog_finish = 1'b0;
93.          s_next_rding      = 1'b0;
94.          if((s_flash_btn1_wr_run == 1'b1) || (s_flash_btn2_wr_run == 1'b1))
95.            next_state = FLASH_ID_RD;
96.          else if(s_flash_btn_rd_run == 1'b1) begin
97.            next_state = FLASH_DATA_RD;
98.            s_next_rding      = 1'b1;
99.          end
100.       end
101.       FLASH_ID_RD :
102.         if(s_done_sig == 1'b1) begin
103.           s_next_flash_cmd = 8'h0;
104.           next_state = FLASH_WR_EN_ERASE;
105.           s_next_cmd_type   = 4'h0;
106.         end
107.         else begin
108.           s_next_flash_cmd  = CMD_FLASH_ID_RD;
109.           s_next_flash_addr = 24'h0;
110.           s_next_cmd_type   = 4'b1000;
111.         end
112.       FLASH_WR_EN_ERASE :
113.         if(s_done_sig == 1'b1) begin
114.           s_next_flash_cmd = 8'h0;
115.           next_state = FLASH_BLOCK_ERASE;
116.           s_next_cmd_type   = 4'h0;
117.         end
118.         else begin
119.           s_next_flash_cmd = CMD_FLASH_WR_EN;
120.           s_next_cmd_type   = 4'b1001;
121.         end
122.       FLASH_BLOCK_ERASE :
123.         if(s_done_sig == 1'b1) begin
124.           s_next_flash_cmd  = 8'h0;
125.           next_state = FLASH_ERASE_WAIT;
126.           s_next_cmd_type   = 4'h0;
```

```
127.          end
128.        else begin
129.           s_next_flash_cmd  = CMD_FLASH_BLOCK_ERASE;
130.           s_next_flash_addr = s_addr;
131.           s_next_cmd_type   = 4'b1010;
132.        end
133.      FLASH_ERASE_WAIT :
134.       if(s_time_delay < 8'h64) begin
135.           s_next_flash_cmd = 8'h0;
136.           s_next_time_delay = s_time_delay + 1;
137.           s_next_cmd_type  = 4'h0;
138.       end
139.        else begin
140.           next_state = FLASH_ERASE_STAT1_CHECK;
141.           s_next_time_delay = 8'h0;
142.        end
143.      FLASH_ERASE_STAT1_CHECK :
144.       if(s_done_sig == 1'b1) begin
145.          if(s_status_data[0] == 1'b0) begin
146.             s_next_flash_cmd  = 8'h0;
147.             next_state = FLASH_WR_DIS_ERASE;
148.             s_next_cmd_type   = 4'h0;
149.          end
150.          else begin
151.             s_next_flash_cmd = CMD_FLASH_STAT1_RD;
152.             s_next_cmd_type  = 4'b1011;
153.          end
154.       end
155.        else begin
156.           s_next_flash_cmd = CMD_FLASH_STAT1_RD;
157.           s_next_cmd_type  = 4'b1011;
158.        end
159.      FLASH_WR_DIS_ERASE :
160.       if(s_done_sig == 1'b1) begin
161.           s_next_flash_cmd  = 8'h0;
162.           next_state = FLASH_WR_EN_DATA;
163.           s_next_cmd_type   = 4'h0;
164.       end
165.        else begin
166.           s_next_flash_cmd = CMD_FLASH_WR_DIS;
167.           s_next_cmd_type  = 4'b1100;
168.        end
169.      FLASH_WR_EN_DATA :
170.       if(s_done_sig == 1'b1) begin
171.           s_next_flash_cmd  = 8'h0;
172.           next_state = FLASH_WR_DATA;
173.           s_next_cmd_type   = 4'h0;
174.       end
175.        else begin
176.           s_next_flash_cmd = CMD_FLASH_WR_EN;
177.           s_next_cmd_type  = 4'b1001;
178.        end
```

```
179.        FLASH_WR_DATA :
180.          if(s_done_sig == 1'b1) begin
181.            s_next_flash_cmd = 8'h0;
182.            next_state = FLASH_WR_DATA_WAIT;
183.            s_next_cmd_type   = 4'h0;
184.          end
185.          else begin
186.            s_next_flash_cmd = FLASH_PAGE_PROG;
187.            s_next_flash_addr = s_addr;
188.            s_next_cmd_type   = 4'b1101;
189.          end
190.        FLASH_WR_DATA_WAIT :
191.          if(s_time_delay < 8'h64) begin
192.            s_next_flash_cmd = 8'h0;
193.            s_next_time_delay = s_time_delay + 1;
194.            s_next_cmd_type   = 4'h0;
195.          end
196.          else begin
197.            next_state = FLASH_WR_DATA_STAT1_CHECK;
198.            s_next_time_delay = 8'h0;
199.          end
200.        FLASH_WR_DATA_STAT1_CHECK :
201.          if(s_done_sig == 1'b1) begin
202.            if(s_status_data[0] == 1'b0) begin
203.              s_next_flash_cmd = 8'h0;
204.              next_state = FLASH_WR_DIS_DATA;
205.              s_next_cmd_type   = 4'h0;
206.            end
207.            else begin
208.              s_next_flash_cmd = CMD_FLASH_STAT1_RD;
209.              s_next_cmd_type   = 4'b1011;
210.            end
211.          end
212.          else begin
213.            s_next_flash_cmd = CMD_FLASH_STAT1_RD;
214.            s_next_cmd_type   = 4'b1011;
215.          end
216.        FLASH_WR_DIS_DATA :
217.          if(s_done_sig == 1'b1) begin
218.            s_next_flash_cmd   = 8'h0;
219.            next_state   = FLASH_STOP;
220.            s_next_cmd_type   = 4'h0;
221.            s_next_prog_finish = 1'b1;
222.          end
223.          else begin
224.            s_next_flash_cmd = CMD_FLASH_WR_DIS;
225.            s_next_cmd_type   = 4'b1100;
226.          end
227.        FLASH_DATA_RD :
228.          if(s_done_sig == 1'b1) begin
229.            s_next_flash_cmd   = 8'h0;
230.            next_state = FLASH_STOP;
```

```
231.          s_next_cmd_type    = 4'h0;
232.        end
233.        else begin
234.          s_next_flash_cmd   = CMD_FLSH_DATA_RD;
235.          s_next_flash_addr  = s_addr;
236.          s_next_cmd_type    = 4'b1110;
237.        end
238.      default :
239.          next_state = FLASH_IDLE;
240.    endcase
241.  end
```

步骤 4：仿真测试

检查完 flash.v 文件的语法之后，对 Flash 模块进行仿真。在仿真之前，参考 9.3 节步骤 5，将 clk_gen_50hz.v 的 CNT_HALF 和 CNT_MAX 分别修改为 4 和 9。本实验已经提供了完整的测试文件 flash_tf.v，可以直接参考 2.3 节步骤 7 对 Flash 模块进行仿真。如图 10-13 所示，可以看到按下按键 btn1 之后，FPGA 开始对 Flash 发送命令和数据，除此之外也可以看到响应其他按键的仿真结果。

注意，仿真验证无误后要将 clk_gen_50hz 模块的分频常数修改回原值。

图 10-13　查看仿真结果

步骤 5：板级验证

本实验已提供了完整的引脚约束文件，参考 2.3 节步骤 9，将工程编译生成.bit 文件，并将其下载到 FPGA 高级开发系统上，参考 9.3 节步骤 6 进行板级验证。

本 章 任 务

与第 9 章类似，在本实验的基础上，在 OLED 上显示读写的内容。按独立按键 KEY_1，FPGA 芯片向 Flash 写入数据 76543210，OLED 显示 write:76543210；按独立按键 KEY_2，FPGA 芯片向 Flash 写入数据 89ABCDEF，OLED 显示 write: 89ABCDEF；按独立按键 KEY_3，FPGA 芯片从 Flash 中读取最后一次写入的数据，OLED 显示 read:xxxxxxxx。

本 章 习 题

1. 简述 EEPROM 和 Flash 的区别。
2. 简述 Flash 擦除、读数据和写数据的操作流程。
3. 简述 SPI 之间数据的通信过程。

第11章　SHT20温/湿度测量实验

SHT20是新一代Sensirion湿度和温度传感器，其在尺寸与智能方面建立了新的标准：嵌入了适合回流焊的双列扁平无引脚DFN封装，底面为3mm×3mm，高度为1.1mm。SHT20是一种支持I^2C协议的数字温/湿度传感器，符合I^2C协议。

11.1　实 验 内 容

基于FPGA高级开发系统设计一个SHT20温/湿度测量实验，通过学习SHT20温/湿度传感器通信和信号转换原理，结合七段数码管实验，将采集到的温度值和湿度值显示在七段数码管上。

11.2　实 验 原 理

11.2.1　SHT20温/湿度电路原理图

FPGA高级开发系统上XC6SLX16芯片的C8引脚连接SHT20芯片的SCL引脚，为时钟引脚；XC6SLX16芯片的D8引脚连接SHT20芯片的SDA引脚，为数据引脚。SDA和SCL都有10kΩ的上拉电阻，空闲状态时为高电平，如图11-1所示。

图11-1　SHT20温/湿度电路原理图

11.2.2　SHT20传感器

SHT20传感器引脚图如图11-2所示，表11-1是对SHT20传感器引脚的描述，共有6个引脚。

图11-2　SHT20传感器引脚图

表11-1　SHT20传感器引脚描述

引 脚 编 号	引 脚 名 称	描　　述
1	SDA	串行数据，双向

续表

引 脚 编 号	引 脚 名 称	描 述
2	VSS	地
3, 4	NC	不连接
5	VDD	供电电压
6	SCL	串行时钟，双向

11.2.3 SHT20 传感器通信

SHT20 传感器采用标准的 I^2C 协议进行通信。将 SHT20 上电启动后，最多需要 15ms 达到空闲状态（此时 SCL 为高电平），即做好了接收主机发送命令的准备。

在启动传输后，首字节包括 7 位 SHT20 I^2C 器件地址（1000000）和 1 个 SDA 方向位（读R，1；写 W，0）。在第 8 个 SCL 时钟下降沿之后，通过拉低 SDA 引脚（ACK 位）表示传感器接收数据正常。在发出测量命令之后（11110011 代表温度测量，11110101 代表相对湿度测量），FPGA 必须等待测量完成。基本命令如表 11-2 所示，有两种不同的方式可选，主机模式或非主机模式。

表 11-2 基本命令

命 令	释 义	代 码
触发 T 测量	保持主机	11100011
触发 RH 测量	保持主机	11100101
触发 T 测量	非保持主机	11110011
触发 RH 测量	非保持主机	11110101
写用户寄存器	*	11100110
读用户寄存器	*	11100111
软复位	*	11111110

注：T 代表温度，RH 代表相对湿度。

FPGA 与传感器之间的通信有两种不同的工作方式：主机模式和非主机模式。在第一种工作方式下，在测量的过程中，SCL 线被封锁（由传感器进行控制）；在第二种工作方式下，当传感器在执行测量任务时，SCL 线仍然保持开放状态，可进行其他通信。非主机模式允许当传感器进行测量时总线上处理其他 I^2C 总线通信任务。

在主机模式下时，SHT20 将 SCL 拉低，强制主机进入等待状态。通过释放 SCL 线，表示传感器内部处理工作结束，进而可以继续数据传送。

在非主机模式下，FPGA 需要对传感器状态进行查询。此过程通过发送一个启动传输时序和之后发送的 I^2C 首字节（10000001）来完成。如果内部处理工作完成，FPGA 查询到传感器发出的确认信号，则相关数据可以通过 FPGA 进行读取。如果测量处理工作没有完成，传感器无确认位（ACK）输出，则此时必须重新发送启动传输时序。

无论哪种传输模式，由于测量的最大分辨率为 14 位，Data（LSB）之后的 2 位 Stat（bit43和 bit44）用来传输相关的状态信息。Stat 中的 bit1 位表示测量的类型（温度为 0，湿度为 1），bit0 位表示当前没有赋值。

SHT20 在非主机模式下的读写数据时序图如图 11-3 所示，灰色部分由 SHT20 控制。

图11-3　SHT20在非主机模式下的读写数据时序图

下面以测量湿度为例介绍数据的传输过程。在启动传输后，主机发送从机 I²C 地址和写命令（10000000）；收到从机应答后，主机发送测量湿度命令（11110101）；收到从机应答后，主机等待测量完成。再次启动传输，主机发送从机 I²C 地址和读命令（10000001），若在从机未测量完成期间主机就发送数据，那么从机会不应答，继续测量，直到测量完成，主机再次发送数据，从机才会响应命令。这时主机可以读取从机测量到的数据。先读取高字节数据，读取完成后主机发送应答信号；再读取低字节数据并发送应答信号；然后读取校验和数据，并且发送无应答信号；最后发送停止信号，数据传输结束。具体地，SHT20数据传输流程如图 11-4 所示。

图 11-4　SHT20 数据传输流程

11.2.4　SHT20 信号转换

传感器内部设置的默认分辨率为相对湿度 12 位和温度 14 位。SDA 的输出数据被转换为 2 字节的数据包，高字节 MSB 在前（左对齐），每字节后面都跟随 1 个应答位。而 LSB 的最后 2 位为 2 个状态位 Stat，因此 LSB 的后 2 位在进行物理计算前必须置 0。如果主机读取从机数据为 0110001101010010，在进行物理换算时，后两位状态位置 0，那么所传输的 16 位相对湿度信号为 SRH=0110001101010000=25424。

1．相对湿度转换

无论基于哪种分辨率，相对湿度 RH 都可以根据 SDA 输出的相对湿度信号 S_{RH}，通过以下公式计算获得（结果以%RH 表示）。

$$RH = -6 + 125 \times \frac{S_{RH}}{2^{16}}$$

如果相对湿度信号为 S_{RH}=0110001101010000=25424，那么相对湿度的计算结果为42.5%RH。

2．温度转换

无论基于哪种分辨率，温度 T 都可以通过温度输出信号 S_T 计算得到（结果以℃表示）。

$$T = -46.85 + 175.72 \times \frac{S_T}{2^{16}}$$

11.2.5　SHT20 温/湿度测量实验内部电路图

SHT20 温/湿度测量实验电路有 20 个引脚，引脚的名称、类型、约束及描述如表 11-3 所示。

表 11-3　SHT20 温/湿度测量实验电路引脚说明

引 脚 名 称	引 脚 类 型	引 脚 约 束	引 脚 描 述
clk_i	in	V10	时钟输入，50MHz
rst_n_i	in	N7	复位输入，低电平复位
sht2x_sda_io	inout	D8	连接 SHT20 芯片 SDA 引脚
sht2x_scl_o	out	C8	连接 SHT20 芯片 SCL 引脚
seg7_sel_o[7:0]	out	J6，J3，H5，H3，H4，G3，G6，F3	输出，控制七段数码管位选引脚
seg7_seg_o[7:0]	out	G11，L15，K6，K15，K14，K13，L16，J7	输出，控制七段数码管数据引脚

　　SHT20 温/湿度测量实验内部电路图如图 11-5 所示。u_clk_gen_400hz 模块用于将 50MHz 的系统时钟分频为 400Hz 的内部时钟，作为 u_sht2x 模块的时钟输入，u_sht2x 模块用于从传感器获取温度和湿度信号；电路图还包括用于计算温度和湿度的模块 u_calc_temp 和 u_calc_humi 及获取温度和湿度值高低位的模块 u_temp_calc_mod、u_temp_calc_rem、u_humi_calc_mod 和 u_humi_calc_rem。其中，文件 calc_mod.v 和 calc_rem.v 在本书配套资料包的 Material 文件夹中已有完整代码。

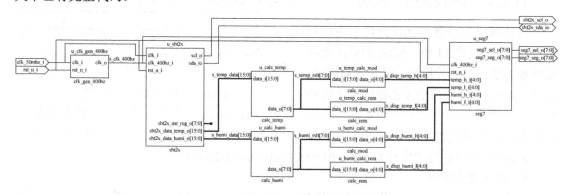

图 11-5　SHT20 温/湿度测量实验内部电路图

11.3　实　验　步　骤

步骤 1：复制工程文件夹并添加 Verilog 文件

将"D:\Spartan6FPGATest\Material"目录中的 exp10_sht2x 文件夹复制到"D:\Spartan6FPGATest\Product"目录中。然后，双击运行"D:\Spartan6FPGATest\Product\ exp10_sht2x\project"目录中的 sht2x.xise 文件打开工程，该工程的顶层文件为 sht2x_top.v。

步骤 2：完善 sht2x.v 文件

将程序清单 11-1 中的相应代码输入 sht2x.v 文件的参数定义、信号定义、模块例化和电路实现部分，并参考 2.3 节步骤 5 检查语法，下面对关键语句进行解释。

（1）第 43 至 60 行代码：实现的是每隔 1s 刷新一次测量数据计数器。

（2）第 62 至 130 行代码：实现 SHT2X 读写控制状态机。

程序清单 11-1

```
1.    //---------------------------------------------------------------------------------
2.    //                                    参数定义
3.    //---------------------------------------------------------------------------------
4.      parameter  ONE_SECOND_400HZ = 9'b110010000;
5.      parameter  USER_CFG_DATA    = 8'b00000010;
6.    //---------------------------------------------------------------------------------
7.    //                                    信号定义
8.    //---------------------------------------------------------------------------------
9.      wire [15:0] s_rd_data; //EEPROM 读出数据寄存器
10.     wire s_done_sig ; //I²C 通信完成信号
11.
12.     reg [2:0] s_curr_state ; //状态机当前状态
13.     reg [2:0] s_next_state ; //状态机下一状态
14.     reg s_usr_cfg_flag;
15.     reg s_timer_rstn;
16.     reg s_timer_1s_flag;
17.     reg [8:0] s_cnt_1s;
18.     reg [7:0]  s_next_sht2x_usr_cfg;
19.     reg [15:0] s_next_sht2x_data_temp;
20.     reg [15:0] s_next_sht2x_data_humi;
21.     reg [7:0]  s_sht2x_usr_cfg;
22.     reg [15:0] s_sht2x_data_temp;
23.     reg [15:0] s_sht2x_data_humi;
24.     reg s_next_timer_rstn;
25.     reg s_next_usr_cfg_flag;
26.   //---------------------------------------------------------------------------------
27.   //                                    模块例化
28.   //---------------------------------------------------------------------------------
29.     iic_com u_iic_com        //I²C 通信模块例化
30.     (
31.       .clk_i            (clk_i),
32.       .rst_n_i          (rst_n_i),
33.       .sht2x_state_i (s_curr_state),
34.       .usr_cfg_data_i(USER_CFG_DATA),
35.       .rd_data_o        (s_rd_data),
36.       .done_sig_o       (s_done_sig),
37.       .scl_o            (scl_o),
38.       .sda_io           (sda_io)
39.     );
40.   //---------------------------------------------------------------------------------
41.   //                                    电路实现
42.   //---------------------------------------------------------------------------------
43.   //1s 刷新一次测量数据计数器
44.   always @( posedge clk_400hz_i or negedge rst_n_i or negedge s_timer_rstn)
45.   begin
46.     if((rst_n_i == 1'b0)|| (s_timer_rstn == 1'b0)) begin
47.       s_cnt_1s <=9'h000;
48.       s_timer_1s_flag <= 1'b0;
49.     end
50.     else begin
51.       if(s_cnt_1s == ONE_SECOND_400HZ) begin
```

```
52.          s_cnt_1s <= s_cnt_1s;
53.          s_timer_1s_flag <= 1'b1;
54.       end
55.     else begin
56.          s_cnt_1s <= s_cnt_1s + 9'b1;
57.          s_timer_1s_flag <= 1'b0;
58.       end
59.     end
60.   end
61.
62.   //三段式状态机
63.   //SHT20 读写控制状态机
64.   always @( posedge clk_i or negedge rst_n_i)
65.   begin
66.     if(rst_n_i == 1'b0) begin
67.       s_curr_state        <= `SHT2X_IDLE;
68.       s_usr_cfg_flag      <= 1'b0;
69.       s_timer_rstn        <= 1'b1;
70.       s_sht2x_usr_cfg     <= 8'h00;
71.       s_sht2x_data_temp <= 16'h0000;
72.       s_sht2x_data_humi <= 16'h0000;
73.     end
74.     else begin
75.       s_curr_state        <= s_next_state;
76.       s_usr_cfg_flag      <= s_next_usr_cfg_flag;
77.       s_timer_rstn        <= s_next_timer_rstn;
78.       s_sht2x_usr_cfg     <= s_next_sht2x_usr_cfg;
79.       s_sht2x_data_temp <= s_next_sht2x_data_temp;
80.       s_sht2x_data_humi <= s_next_sht2x_data_humi;
81.     end
82.   end
83.
84.   //状态转换和状态输出
85.   always @(s_curr_state or s_done_sig or s_timer_1s_flag or s_usr_cfg_flag or
86.     s_sht2x_usr_cfg or s_sht2x_data_temp or s_sht2x_data_humi or s_rd_data)
87.   begin
88.     s_next_state             <= s_curr_state;
89.     s_next_usr_cfg_flag      <= s_usr_cfg_flag;
90.     s_next_timer_rstn        <= 1'b1;
91.     s_next_sht2x_usr_cfg     <= s_sht2x_usr_cfg;
92.     s_next_sht2x_data_temp <= s_sht2x_data_temp;
93.     s_next_sht2x_data_humi <= s_sht2x_data_humi;
94.     case (s_curr_state)
95.       `SHT2X_IDLE : begin
96.         if(s_usr_cfg_flag ==1'b0)  //条件成立表示从未配置过用户寄存器，每次上电只需要配置一次
97.            s_next_state <= `SHT2X_USER_CFG_WR;
98.         else if(s_timer_1s_flag ==1'b1) begin  //间隔1s启动一次测量
99.            s_next_state <= `SHT2X_T_MEASURE;
100.           s_next_timer_rstn <= 1'b0;
101.        end
102.       end
103.       `SHT2X_USER_CFG_WR : begin
```

```
104.            if(s_done_sig ==1'b1) begin //等待写操作完成，完成后跳转至`SHT2X_USER_CFG_RD
105.                s_next_state <= `SHT2X_USER_CFG_RD;
106.                s_next_usr_cfg_flag <= 1'b1;
107.            end
108.         end
109.         `SHT2X_USER_CFG_RD : begin
110.            if(s_done_sig == 1'b1)  begin//等待写操作完成，完成后跳转至`SHT2X_T_MEASURE
111.                s_next_sht2x_usr_cfg <= s_rd_data[7:0];
112.                s_next_state <= `SHT2X_T_MEASURE;
113.                s_next_timer_rstn <= 1'b0; //启动 1s 计数器，每秒启动 1 次温度和湿度测量
114.            end
115.         end
116.         `SHT2X_T_MEASURE : begin
117.            if(s_done_sig == 1'b1) begin //等待读操作完成，完成后跳转至`SHT2X_RH_MEASURE
118.                s_next_sht2x_data_temp <= s_rd_data;
119.                s_next_state <= `SHT2X_RH_MEASURE;
120.            end
121.         end
122.         `SHT2X_RH_MEASURE : begin
123.            if(s_done_sig == 1'b1) begin  //等待读操作完成，完成后跳转至`SHT2X_IDLE
124.                s_next_sht2x_data_humi <= s_rd_data;
125.                s_next_state <= `SHT2X_IDLE;
126.            end
127.         end
128.         default : ;
129.      endcase
130. end
131.
132. assign sht2x_usr_reg_o   = s_sht2x_usr_cfg;
133. assign sht2x_data_temp_o = s_sht2x_data_temp;
134. assign sht2x_data_humi_o = s_sht2x_data_humi;
```

步骤 3：完善 calc_humi.v 文件

将程序清单 11-2 中的相关代码输入 calc_humi.v 文件的参数定义、信号定义和电路实现部分，并参考 2.3 节步骤 5 检查语法。第 16 至 22 行代码的作用是根据相对湿度转换公式，得到相对湿度的输出结果 data_o。其中，第 16 行代码是将后两位状态位置 0，计算出进行物理换算后的相对湿度信号 s_rh；第 17 行代码是对 s_rh 进行乘以 125 的操作；第 19 行代码则是通过舍去 s_acc 低 16 位的方法实现除以 2^{16} 的效果。

程序清单 11-2

```
1.   //-----------------------------------------------------------------------------
2.   //                              参数定义
3.   //-----------------------------------------------------------------------------
4.    parameter C_COEFF_125  = 8'h7d; //125
5.    parameter C_COEFF_6    = 8'h06;
6.   //-----------------------------------------------------------------------------
7.   //                              信号定义
8.   //-----------------------------------------------------------------------------
9.    wire [23:0] s_acc;
10.   wire [7:0] s_acc_shift;
11.   wire [7:0] s_data_tmp ;
```

```
12.    wire [15:0] s_rh;
13.  //-----------------------------------------------------------------------
14.  //                                电路实现
15.  //-----------------------------------------------------------------------
16.    assign s_rh  = {data_i[15:2],2'b00};
17.    assign s_acc = C_COEFF_125 * s_rh;
18.
19.    assign s_acc_shift = s_acc[23:16];
20.
21.    assign s_data_tmp = s_acc_shift - C_COEFF_6;
22.    assign data_o    = s_data_tmp;
```

步骤 4：完善 calc_temp.v 文件

将程序清单 11-3 中的相关代码输入 calc_temp.v 文件的参数定义、信号定义和电路实现部分，并参考 2.3 节步骤 5 检查语法。其中，第 16 至 22 行代码的作用是根据温度转换公式，得到温度的输出结果 data_o，温度的计算过程与相对湿度相似，这里不再赘述。

程序清单 11-3

```
1.   //-----------------------------------------------------------------------
2.   //                                参数定义
3.   //-----------------------------------------------------------------------
4.     parameter C_COEFF_176  = 8'hb0; //176
5.     parameter C_COEFF_47   = 8'h2f; //47
6.   //-----------------------------------------------------------------------
7.   //                                信号定义
8.   //-----------------------------------------------------------------------
9.     wire [23:0] s_acc;
10.    wire [7:0]  s_acc_shift;
11.    wire [7:0]  s_data_tmp ;
12.    wire [15:0] s_t;
13.  //-----------------------------------------------------------------------
14.  //                                电路实现
15.  //-----------------------------------------------------------------------
16.    assign s_t  = {data_i[15:2],2'b00};///低 2 位为状态位
17.    assign s_acc = C_COEFF_176 * s_t;
18.
19.    assign s_acc_shift = s_acc[23:16];
20.
21.    assign s_data_tmp = s_acc_shift - C_COEFF_47;
22.    assign data_o    = s_data_tmp;
```

步骤 5：完善 sht2x_top.v 文件

打开 sht2x_top.v 文件，将程序清单 11-4 中的相应代码输入 sht2x_top.v 文件的信号定义和模块例化部分，并参考 2.3 节步骤 5 检查语法。

程序清单 11-4

```
1.   //-----------------------------------------------------------------------
2.   //                                信号定义
3.   //-----------------------------------------------------------------------
4.     wire [15:0] s_temp_data;
5.     wire [15:0] s_humi_data;
6.
```

```verilog
7.     wire [7:0] s_temp_rslt;
8.     wire [7:0] s_humi_rslt;
9.
10.    wire [4:0] s_disp_temp_h;
11.    wire [4:0] s_disp_temp_l;
12.
13.    wire [4:0] s_disp_humi_h;
14.    wire [4:0] s_disp_humi_l;
15.
16.    wire s_clk_400hz;
17. //----------------------------------------------------------------------------
18. //                                      模块例化
19. //----------------------------------------------------------------------------
20.    clk_gen_400hz u_clk_gen_400hz
21.    (
22.     .clk_i   (clk_50mhz_i),
23.     .rst_n_i (rst_n_i),
24.     .clk_o   (s_clk_400hz)
25.    );
26.
27.    sht2x u_sht2x
28.    (
29.     .clk_i              (clk_50mhz_i),
30.     .clk_400hz_i        (s_clk_400hz),
31.     .rst_n_i            (rst_n_i),
32.     .scl_o              (sht2x_scl_o),
33.     .sda_io             (sht2x_sda_io),
34.     .sht2x_usr_reg_o    (),
35.     .sht2x_data_temp_o (s_temp_data),
36.     .sht2x_data_humi_o (s_humi_data)
37.    );
38.
39.    calc_temp u_calc_temp
40.    (
41.     .data_i (s_temp_data),
42.     .data_o (s_temp_rslt)
43.    );
44.
45.    calc_humi u_calc_humi
46.    (
47.     .data_i (s_humi_data),
48.     .data_o (s_humi_rslt)
49.    );
50.
51.    calc_mod u_temp_calc_mod
52.    (
53.     .data_i (s_temp_rslt),
54.     .data_o (s_disp_temp_h)
55.    );
56.
57.    calc_rem u_temp_calc_rem
58.    (
```

```
59.        .data_i (s_temp_rslt),
60.        .data_o (s_disp_temp_l)
61.        );
62.
63.    calc_mod u_humi_calc_mod
64.    (
65.        .data_i (s_humi_rslt),
66.        .data_o (s_disp_humi_h)
67.        );
68.
69.    calc_rem u_humi_calc_rem
70.    (
71.        .data_i (s_humi_rslt),
72.        .data_o (s_disp_humi_l)
73.        );
74.
75.    seg7 u_seg7
76.    (
77.        .clk_i        (s_clk_400hz),
78.        .rst_n_i      (rst_n_i),
79.        .temp_h_i     (s_disp_temp_h),
80.        .temp_l_i     (s_disp_temp_l),
81.        .humi_h_i     (s_disp_humi_h),
82.        .humi_l_i     (s_disp_humi_l),
83.        .seg7_sel_o   (seg7_sel_o),
84.        .seg7_seg_o   (seg7_seg_o)
85.        );
```

步骤 6：仿真测试

检查完 sht2x_top.v 文件的语法之后，对 sht2x_top 模块进行仿真。本实验已经提供了完整的测试文件 sht2x_top_tf.v，可以直接参考 2.3 节步骤 7 对 sht2x_top 模块进行仿真。如图 11-6 所示，可以看到在复位后，sda_io 和 scl_o 开始输出信号给 SHT20，首先是发送从机（温/湿度传感器）的 I^2C 地址和写命令 10000000，然后等待应答。因为这里没有对应答信号进行仿真，因此 FPGA 会一直发送 10000000 并等待应答。

图 11-6   查看仿真结果

步骤 7：板级验证

本实验已提供了完整的引脚约束文件，参考 2.3 节步骤 9，将工程编译生成.bit 文件，并且将其下载到 FPGA 高级开发系统上，然后在七段数码管模块可以看到显示出温度和湿度的数值。如图 11-7 所示，左边数码管显示的是两位数的温度值，右边数码管显示的是两位数的湿度值。

图 11-7　温度和湿度显示效果图

本 章 任 务

在本实验的基础上，增加 OLED 显示模块，通过 OLED 显示温度和湿度的值，第 1 行居中显示实验名，第 2 行居中显示"Humi:××%RH"，第 3 行居中显示"Temp:××℃"，第 4 行居中显示日期，温度和湿度显示效果如图 11-8 所示。

0　8　16 24 32 40 48 56 64 72 80 88 96 104 112 120

图 11-8　温度和湿度 OLED 显示效果

本 章 习 题

1．简述 SHT20 的测量过程。

2．如果主机从从机中读取到的湿度信号数据为 0110001101011110，那么最终得到的相对湿度是多少？

3．如果读取到的温度信号数据为 1000000110100011，那么最终得到的温度是多少？

4．根据 sht2x.v 的代码，画出 SHT2X 读写控制状态机的状态转换图，并说明状态转换条件。

5．在计算温度和湿度时，为什么可以通过舍去低 16 位的方法实现除以 2^{16} 的结果？

第 12 章　DAC 实验

DAC，是 Digital-to-Analog Converter 的缩写，表示数/模转换器，它是把数字量转变为模拟量的器件。数/模（D/A）转换的逆向过程是模/数（A/D）转换。

最常见的数/模转换器能够将并行二进制的数字量转换为直流电压或直流电流。本章将介绍如何使用 FPGA 驱动 DAC 芯片，在 FPGA 高级开发系统上实现数/模转换功能。

12.1　实　验　内　容

FPGA 高级开发系统的 A/D 和 D/A 转换模块上包含 1 路 8 位的模/数转换电路和 1 路 8 位的数/模转换电路。本章通过学习 DAC，结合串口通信实验，实现 FPGA 输出 8 位的正弦波数据，使得 DAC 模块输出一个正弦波信号，这个正弦波信号通过跳线帽，将 DA 模块的输出和 AD 模块的输入连接起来，然后使用信号采集工具，通过串口读取 ADC 的数据输出，在计算机中使用信号采集工具显示正弦波。

12.2　实　验　原　理

12.2.1　A/D 转换及 D/A 转换电路原理图

A/D 转换及 D/A 转换电路原理图如图 12-1 所示。D/A 转换电路由高速 DA 芯片 AD9708、低通滤波器、幅值调节电路和模拟电压输出接口组成，A/D 转换电路将在第 13 章中介绍。

图 12-1　A/D 转换及 D/A 转换电路原理图

FPGA 高级开发系统上的 XC6SLX16 芯片与 AD9708 芯片的 8 位输入数据 DB7～DB0 引脚和时钟引脚 CLK 连接，输入的数字信号经过高速 DAC 芯片转换后，从 AD9708 的 IOUTA 和 IOUTB 端口输出差分电流。差分输出后，为了防止噪声干扰，电路中接入了低通滤波器，在滤波器之后，连接了 2 片高性能 145MHz 带宽的运放 AD8065 芯片，实现差分变单端，以及幅值调节等功能，使整个电路性能得到最大限度的提升。幅值调节使用的是 5kΩ 的电位器，最终电压的输出范围是-5～5V（$10V_{pp}$）。D/A 转换硬件电路如图 12-2 所示。

图 12-2　D/A 转换硬件电路

12.2.2　AD9708 芯片

AD9708 芯片是属于 TxDAC™ 系列的高性能、低功耗 CMOS 数/模转换器（DAC）的 8 位分辨率产品，最大采样率为 125MSPS（Million Samples Per Second，每秒采样百万次）。AD9708 芯片具有灵活的单电源工作电压范围（2.7～5.5V），它还是一款电流输出 DAC，标称满量程输出电流为 20mA，输出阻抗大于 100kΩ，可提供差分电流输出，以支持单端或差分应用。

AD9708 芯片引脚如图 12-3 所示，引脚说明如表 12-1 所示，该芯片有 28 个引脚。

AD9708ARUZ

1	DB7	CLOCK	28
2	DB6	DVDD	27
3	DB5	DCOM	26
4	DB4	NC	25
5	DB3	AVDD	24
6	DB2	COMP2	23
7	DB1	IOUTA	22
8	DB0	IOUTB	21
9	NC	ACOM	20
10	NC	COMP1	19
11	NC	FS ADJ	18
12	NC	REFIO	17
13	NC	REFLO	16
14	NC	SLEEP	15

图 12-3　AD9708 芯片引脚

表 12-1　AD9708 芯片引脚说明

引 脚 编 号	引 脚 名 称	描　　　述
1～8	DB7～DB0	8 位数字量输入端，其中 DB0 为最低位，DB7 为最高位
9～14，25	NC	空引脚
15	SLEEP	掉电控制输入端，不使用时不需要连接，悬空即可
16	REFLO	当使用内部 1.2 V 参考电压时，该引脚接地即可
17	REFIO	作为内部参考时用作参考输入，接地即可；用作 1.2 V 基准电压输出时，该引脚连接 100nF 电容到地即可激活内部基准电压
18	FS ADJ	满量程电流输出调节引脚，由基准控制放大器调节，可通过外部电阻 R_{SET} 从 2mA 调至 20mA
19	COMP1	带宽/降噪节点，连接 100nF 电容到电源可以获得最佳性能
20	ACOM	模拟公共地
21	IOUTB	DAC 电流输出 B 端
22	IOUTA	DAC 电流输出 A 端
23	COMP2	开关驱动电路的内部偏置节点，连接 100nF 电容到地
24	AVDD	模拟电源端
26	DCOM	数字公共地
27	DVDD	数字电源端
28	CLOCK	时钟输入，数据在时钟的上升沿锁存

AD9708 芯片的内部功能框图如图 12-4 所示，AD9708 芯片在时钟（CLOCK）的驱动下工作，内部集成了+1.2V 参考电压（+1.20V REF）、运算放大器、电流源（CURRENT SOURCE ARRAY）和锁存器（LATCHES）。两个电流输出端 IOUTA 和 IOUTB 为一对差分电流。当输入数据为 0（DB7～DB0 为 00000000）时，IOUTA 的输出电流为 0，而 IOUTB 的输出电流达到最大值，最大值的大小与参考电压有关；当输入数据全为高电平（DB7～DB0 为 11111111）时，IOUTA 的输出电流达到最大值，最大值的大小跟参考电压有关，而 IOUTB 的输出电流为 0。

图 12-4　AD9708 芯片的内部功能框图

AD9708 芯片的时序图如图 12-5 所示。AD9708 芯片的大多数引脚都与硬件设计有关，与 FPGA 相连的接口只有一条时钟线 CLOCK 与一组数据总线 DB0～DB7。DB0～DB7 和 CLOCK 是 AD9708 芯片的 8 位数据输入和时钟输入。在每个时钟周期，DAC 都会完成一次输出，因此时钟频率也就是 DAC 的采样频率。IOUTA 和 IOUTB 为 AD9708 芯片输出的电流信号，由时序图可知，AD9708 芯片在每个输入 CLOCK 的上升沿读取数据总线 DB0～DB7 上的数据，将其转换为相应的电流 IOUTA 或 IOUTB 输出。注意，CLOCK 的时钟频率越快，AD9708 芯片的数/模转换速度越快，AD9708 芯片的时钟频率最快为 125MHz。IOUTA 和 IOUTB 为 AD9708 芯片输出的一对差分电流信号，通过外部电路低通滤波器与运放电路输出模拟电压信号，电压范围是-5～+5V。当输入数据等于 0 时，AD9708 芯片输出的电压值为+5V；当输入数据等于 255 时，AD9708 芯片输出的电压值为-5V。

图 12-5　AD9708 芯片的时序图

AD9708 芯片是一款数字信号转模拟信号的器件，内部没有集成直接数字式频率合成器（Direct Digital Synthesizer，DDS）的功能，但可以通过控制 AD9708 芯片的输入数据，使其模拟 DDS 的功能。例如，使用 AD9708 芯片输出一个正弦波模拟电压信号，只需要将 AD9708 芯片的输入数据按照正弦波的波形变化即可。

图 12-6 AD9708 芯片的输入数据和输出
电压的波形图

AD9708 芯片输入数据和输出电压按照正弦规律变化的波形图如图 12-6 所示。数据在 0～255 按照正弦波的波形变化，最终得到的电压也会按照正弦波的波形变化。当输入数据重复按照正弦波的波形规律变化时，那么 AD9708 芯片就可以持续不断地输出正弦波的模拟电压波形。注意，最终得到的 AD9708 芯片的输出电压变化范围是由其外部电路决定的。当输入数据为 0 时，AD9708 芯片输出+5V 的电压；当输入数据为 255 时，AD9708 芯片输出-5V 的电压。由此可以看出，只要控制输入数据，就可以输出任意波形的模拟电压信号，包括正弦波、方波、锯齿波、三角波等波形。

12.2.3 PCT 通信协议

从机常常被用作执行单元，处理一些具体的事务；主机（Windows、Linux、Android 和 emWin 平台等）则用于与从机进行交互，向从机发送命令，或者处理来自从机的数据，如图 12-7 所示。

主机与从机之间的通信过程如图 12-8 所示。主机向从机发送命令的具体过程是：①主机对待发命令进行打包；②主机通过通信设备（串口、蓝牙、Wi-Fi 等）将打包好的命令发送出去；③从机在接收到命令之后，对命令进行解包；④从机按照相应的命令执行任务。

图 12-7 主机与从机的交互

从机向主机发送数据的具体过程是：①从机对待发数据进行打包；②从机通过通信设备（串口、蓝牙、Wi-Fi 等）将打包好的数据发送出去；③主机在接收到数据之后，对数据进行解包；④主机对接收到的数据进行处理，如进行计算、显示等。

图 12-8 主机与从机之间的通信过程（打包/解包框架图）

1. PCT 通信协议格式

在主机与从机的通信过程中，主机和从机有一个共同的模块，即打包解包模块（PackUnpack），该模块遵循某种通信协议。通信协议有很多种，本实验采用的 PCT 通信协议由本书作者设计，该协议已经分别通过 C、C++、C#、Java 等编程语言实现。打包后的 PCT 通信协议的数据包格式如图 12-9 所示。

图 12-9　打包后的 PCT 通信协议的数据包格式

PCT 通信协议有如下规定。

（1）数据包由 1 字节模块 ID+1 字节数据头+1 字节二级 ID+6 字节数据+1 字节校验和构成，共计 10 字节。

（2）数据包中有 6 个数据，每个数据为 1 字节。

（3）模块 ID 的最高位 bit7 固定为 0。

（4）模块 ID 的取值范围为 0x00～0x7F，最多有 128 种类型。

（5）数据头的最高位 bit7 固定为 1，数据头的低 7 位按照从低位到高位的顺序，依次存放二级 ID 的最高位 bit7、数据 1 的最高位 bit7、数据 2 的最高位 bit7、数据 3 的最高位 bit7、数据 4 的最高位 bit7、数据 5 的最高位 bit7 和数据 6 的最高位 bit7。

（6）校验和的低 7 位为模块 ID+数据头+二级 ID+数据 1+数据 2+···+数据 6 求和的结果（取低 7 位）。

（7）二级 ID、数据 1～数据 6 和校验和的最高位 bit7 固定为 1。注意，并不是说二级 ID、数据 1～数据 6 和校验和只有 7 位，而是在打包后，它们的低 7 位位置不变，最高位均位于数据头中，因此，依然还是 8 位。

2. PCT 通信协议打包过程

PCT 通信协议的打包过程分为 4 步。

第 1 步，准备原始数据，原始数据由模块 ID（0x00～0x7F）、二级 ID、数据 1～数据 6 组成，如图 12-10 所示。其中，模块 ID 的取值范围为 0x00～0x7F，二级 ID 和数据的取值范围为 0x00～0xFF。

图 12-10　PCT 通信协议打包第 1 步

第 2 步，依次取出二级 ID、数据 1～数据 6 的最高位 bit7，将其存放于数据头的低 7 位，按照从低位到高位的顺序依次存放二级 ID、数据 1～数据 6 的最高位 bit7，如图 12-11 所示。

第 3 步，对模块 ID、数据头、二级 ID、数据 1～数据 6 的低 7 位求和，取求和结果的低 7 位，将其存放于校验和的低 7 位，如图 12-12 所示。

第 4 步，将数据头、二级 ID、数据 1～数据 6 和校验和的最高位置 1，如图 12-13 所示。

图 12-11　PCT 通信协议打包第 2 步

图 12-12　PCT 通信协议打包第 3 步

图 12-13　PCT 通信协议打包第 4 步

3. PCT 通信协议解包过程

PCT 通信协议的解包过程也分为 4 步。

第 1 步，准备解包前的数据包，原始数据包由模块 ID、数据头、二级 ID、数据 1～数据 6、校验和组成，如图 12-14 所示。其中，模块 ID 的最高位为 0，其余字节的最高位均为 1。

图 12-14　PCT 通信协议解包第 1 步

第 2 步，对模块 ID、数据头、二级 ID、数据 1～数据 6 的低 7 位求和，如图 12-15 所示，取求和结果的低 7 位与数据包的校验和低 7 位对比，如果两个值的结果相等，则说明校验正确。

第 3 步，数据头的最低位 bit0 与二级 ID 的低 7 位拼接之后作为最终的二级 ID，数据头的 bit1 与数据 1 的低 7 位拼接之后作为最终的数据 1，数据头的 bit2 与数据 2 的低 7 位拼接之后作为最终的数据 2，以此类推，如图 12-16 所示。

第 4 步，如图 12-17 所示即为解包后的结果，由模块 ID、二级 ID、数据 1～数据 6 组成。其中，模块 ID 的取值范围为 0x00～0x7F，二级 ID 和数据的取值范围为 0x00～0xFF。

图 12-15 PCT 通信协议解包第 2 步

图 12-16 PCT 通信协议解包第 3 步

图 12-17 PCT 通信协议解包第 4 步

4. PCT 通信协议的应用

DAC 实验和 ADC 实验的流程图如图 12-18 所示。在 DAC 实验中，从机（FPGA 核心板）接收来自主机（计算机上的信号采集工具）的生成波形命令包，对接收的命令包进行解包，根据解包后的命令（生成正弦波命令、三角波命令或方波命令），控制 AD9708 芯片输出对应的波形。在 ADC 实验中，从机通过芯片 AD9280 接收波形信号，将转换后的波形数据进行打包处理，最后将打包后的波形数据包发送至主机。

图 12-18 DAC 实验和 ADC 实验流程图

"信号采集工具"界面如图 12-19 所示，该工具用于控制 FPGA 核心板输出不同的波形（正弦波、三角波和方波等），并且接收和显示 FPGA 核心板发送到计算机的波形数据。通过"波形选择"下拉列表设置 FPGA 核心板输出的波形，右侧黑色区域用于显示从 FPGA 核心板接收的波形数据，串口参数可以通过左侧的下拉列表设置，串口状态可以通过状态栏查看（图中显示"串口已关闭"）。

图 12-19 "信号采集工具"界面

信号采集工具在 DAC 实验和 ADC 实验中扮演主机角色，FPGA 核心板扮演从机角色，主机和从机之间的通信均遵照 PCT 通信协议。下面介绍两个实验涉及的 PCT 通信协议。

主机到从机有一个生成波形的命令包，从机到主机有一个波形数据包，两个包同属于一个模块，将其定义为 wave 模块，wave 模块的模块 ID 取值为 0x71。

wave 模块的生成波形命令包的二级 ID 取值为 0x80，该命令包的定义如图 12-20 所示。

模块ID	HEAD	二级ID	DAT1	DAT2	DAT3	DAT4	DAT5	DAT6	CHECK
71H	数据头	80H	波形类型	保留	保留	保留	保留	保留	校验和

图 12-20 wave 模块生成波形命令包的定义

波形类型的定义如表 12-2 所示。注意，复位后，波形类型取值为 0x00。

表 12-2 波形类型的定义

BIT 位	定 义
7:0	波形类型：0x00 表示正弦波，0x01 表示三角波，0x02 表示方波

wave 模块的波形数据包的二级 ID 为 0x01，该数据包的定义如图 12-21 所示，一个波形数据包包含 5 个连续的波形数据，对应波形上连续的 5 个点。波形数据包每 8ms 由从机发送给主机一次。

模块ID	HEAD	二级ID	DAT1	DAT2	DAT3	DAT4	DAT5	DAT6	CHECK
71H	数据头	01H	波形数据1	波形数据2	波形数据3	波形数据4	波形数据5	保留	校验和

图 12-21 wave 模块波形数据包的定义

从机在接收到主机发送的命令后，向主机发送命令应答数据包，命令应答数据包的定义如图 12-22 所示。

模块ID	HEAD	二级ID	DAT1	DAT2	DAT3	DAT4	DAT5	DAT6	CHECK
01H	数据头	04H	模块ID	二级ID	应答消息	保留	保留	保留	校验和

图 12-22 命令应答数据包的定义

应答消息的定义如表 12-3 所示。

表 12-3 应答消息的定义

BIT 位	定 义
7:0	应答消息：0 表示命令成功，1 表示校验和错误，2 表示命令包长度错误，3 表示无效命令，4 表示命令参数数据错误，5 表示命令不接受

12.2.4 DAC 实验内部电路图

DAC 实验电路有 22 个引脚，引脚的名称、类型、约束及描述如表 12-4 所示。

表 12-4 DAC 实验电路引脚说明

引 脚 名 称	引 脚 类 型	引 脚 约 束	引 脚 描 述
clk_i	in	V10	时钟输入，50MHz
rst_n_i	in	N7	复位输入，低电平复位
uart_rx_i	in	C18	主机发送给从机命令的接收引脚
ad_data_i[7:0]	in	K4，M3，L4，N3，M5，P3，N4，R3	ADC 数据输入
da_clk_o	out	P2	DAC 时钟输出
ad_clk_o	out	L3	ADC 时钟输出
uart_tx_o	out	D17	从机给主机发送响应和数据的引脚
da_data_o[7:0]	out	P1，T2，T1，U2，U1，N5，T3，P4	DAC 数据输出

DAC 实验内部电路图如图 12-23 所示，u_dac 模块用于处理从主机发送给从机的命令，并且输出 DAC 时钟及 8 位 DAC 数据，u_adc 模块的作用则是接收来自 AD9280 芯片的 8 位 ADC 信号，并输出 ADC 时钟及将数据发送到主机进行处理。

图 12-23 DAC 实验内部电路图

u_dac 模块内部电路图如图 12-24 所示，分为 u_uart_rec、u_uart_fifo、u_unpack、u_clk_gen_125hz 和 u_wave_generator 模块。其中，u_uart_rec 模块的作用是处理主机发送的

命令，u_unpack 模块则用于对接收到的命令包进行解包操作，u_clk_gen_125hz 模块产生一个周期为 125Hz 的时钟，u_ wave_generator 模块则用于生成和输出不同波形的数据信号。

图 12-24　u_dac 模块内部电路图

u_wave_generator 模块的时序图如图 12-25 所示。da_clk_i 是周期为 125Hz 的时钟输入，也是系统的 DAC 时钟输出。da_data_o 在 da_clk_i 的每个上升沿进行一次波形数据输出的变化，经过 128 次数据变化后，波形完成一个完整周期的输出。s_sel_wave_i 为波形类型，其中 00 为正弦波，01 为三角波，10 为方波。

图 12-25　u_wave_generator 模块时序图

12.3　实验步骤

步骤 1：复制工程文件夹并添加 Verilog 文件

将"D:\Spartan6FPGATest\Material"目录中的 exp11_dac 文件夹复制到"D:\Spartan6FPGATest\Product"目录中。然后，双击运行"D:\Spartan6FPGATest\Product\ exp11_dac\project"目录中的 dac_to_adc.xise 文件打开工程，该工程的顶层文件为 dac_to_adc.v。

步骤 2：完善 wave_generator.v 文件

将程序清单 12-1 中的相应代码输入 wave_generator.v 文件的信号定义、模块例化和电路实现部分，并参考 2.3 节步骤 5 检查语法，下面对关键语句进行解释。

（1）第 40 至 64 行代码：根据 sel_wave_i 控制读三角波、方波或正弦波地址循环递增。每个波形的一个完整周期均由 128 个点构成，地址由 0 递增到 127，地址循环递增波形则周期性变化。3 个波形数据分别存储在 triangle_generator、square_generator 和 sine_generator 模块中，通过地址便可以获取相应的数据。

（2）第 66 至 68 行代码：根据 sel_wave_i 选择不同的波形数据输出到 da_data_o，当 sel_wave_i 为 01 时输出为三角波数据，为 10 时输出方波数据，其余情况输出正弦波数据。

程序清单 12-1

```
1.   //--------------------------------------------------------------
2.   //                        信号定义
3.   //--------------------------------------------------------------
4.     reg  [6:0] s_sine_addr;     //读正弦波地址，一个周期正弦波由 128 个点组成
5.     reg  [6:0] s_square_addr;   //读方波地址，一个周期方波由 128 个点组成
6.     reg  [6:0] s_triangle_addr; //读三角波地址，一个周期三角波由 128 个点组成
7.
8.     wire [7:0] s_sine_data;     //正弦波数据
9.     wire [7:0] s_square_data;   //方波数据
10.    wire [7:0] s_triangle_data; //三角波数据
11.  //--------------------------------------------------------------
12.  //                        模块例化
13.  //--------------------------------------------------------------
14.    //正弦波发生器
15.    sine_generator u_sine_generator
16.    (
17.     .rst_n_i   (rst_n_i),    //复位输入，低电平有效
18.     .da_addr_i (s_sine_addr), //DAC 地址输入
19.     .da_data_o (s_sine_data) //DAC 数据输出
20.     );
21.
22.    //方波发生器
23.    square_generator u_square_generator
24.    (
25.     .rst_n_i   (rst_n_i),    //复位输入，低电平有效
26.     .da_addr_i (s_square_addr), //DAC 地址输入
27.     .da_data_o (s_square_data) //DAC 数据输出
28.     );
29.
30.    //三角波发生器
31.    triangle_generator u_triangle_generator
32.    (
33.     .rst_n_i   (rst_n_i),      //复位输入，低电平有效
34.     .da_addr_i (s_triangle_addr), //DAC 地址输入
35.     .da_data_o (s_triangle_data) //DAC 数据输出
36.     );
37.  //--------------------------------------------------------------
38.  //                        电路实现
39.  //--------------------------------------------------------------
40.    //根据 sel_wave_i 控制读三角波、方波或正弦波地址循环递增
41.    always @( posedge da_clk_i or negedge rst_n_i)
42.    begin
43.     if(rst_n_i == 1'b0) begin
44.       s_triangle_addr <= 6'b000000;
45.       s_square_addr   <= 6'b000000;
46.       s_sine_addr     <= 6'b000000;
47.     end
48.     else begin
49.       if(sel_wave_i != 2'b01)
50.         s_triangle_addr <= 6'b000000;
51.       else
```

```
52.        s_triangle_addr <= s_triangle_addr + 6'b000001;
53.
54.      if(sel_wave_i != 2'b10)
55.        s_square_addr <= 6'b000000;
56.      else
57.        s_square_addr <= s_square_addr + 6'b000001;
58.
59.      if(sel_wave_i == 2'b01 || sel_wave_i == 2'b10)
60.        s_sine_addr <= 6'b000000;
61.      else
62.        s_sine_addr <= s_sine_addr + 6'b000001;
63.    end
64.  end
65.
66.  assign da_data_o = (sel_wave_i == 2'b01) ? s_triangle_data :
67.                     (sel_wave_i == 2'b10) ? s_square_data   :
68.                                             s_sine_data;
```

步骤 3：完善 dac.v 文件

将程序清单 12-2 中的相应代码输入 dac.v 文件的信号定义、模块例化和电路实现部分，并参考 2.3 节步骤 5 检查语法，下面对关键语句进行解释。

第 88 至 111 行代码：根据接收的上位机命令判断输出的波形类型。具体过程如下：当 rst_n_i 为 0 复位时，s_sel_wave 为 00，此时波形类型为正弦波，s_pct_send_rdy 也为 0，表示发送准备未完成；在 clk_i 的上升沿，当解包得到的 s_pct_mod_id（即模块 ID）为 MODULE_WAVE，s_pct_sec_id（二级 ID）为 CMD_GEN_WAVE，同时 s_pct_rec_rdy 为 1（接收到的是正确的 PCT 协议包）时，根据解包得到的 s_pct_data1 的值改变 s_sel_wave 的值，得到相应的波形，如 s_pct_data1 的值为 TRIANGULAR_WAVE，则 s_sel_wave 的值为 01，波形类型变为三角波；此外，当 s_pct_rec_rdy 为 1 时，发送准备就绪，s_pct_send_rdy 为 1，反之则为 0。

程序清单 12-2

```
1.  //----------------------------------------------------------------------------
2.  //                              信号定义
3.  //----------------------------------------------------------------------------
4.   reg       s_pct_send_rdy;      //发送就绪标志，1 表示 unpcak 模块可继续接收新数据
5.   wire      s_pct_rec_rdy;       //unpcak 模块接收到正确 PCT 通信协议包标志
6.   reg  [1:0] s_sel_wave = 2'b00; //波形选择，默认为正弦波
7.   wire [7:0] s_pct_mod_id;       //模块 ID
8.   wire [7:0] s_pct_sec_id;       //二级 ID
9.   wire [7:0] s_pct_data1;        //数据 1
10.  wire [7:0] s_pct_data2;        //数据 2
11.  wire [7:0] s_pct_data3;        //数据 3
12.  wire [7:0] s_pct_data4;        //数据 4
13.  wire [7:0] s_pct_data5;        //数据 5
14.  wire [7:0] s_pct_data6;        //数据 6
15.
16.  wire      s_da_clk;            //DA 时钟
17.  wire      s_rst;               //FIFO 复位端口
18.  wire      s_fifo_empty;        //FIFO 为空标志
19.  wire      s_fifo_rd_en;        //FIFO 读使能
```

```
20.    wire       s_fifo_wr_en;        //FIFO 写使能
21.    wire [7:0] s_fifo_wr_data;      //FIFO 写数据端口
22.    wire [7:0] s_fifo_rd_data;      //FIFO 读数据端口
23.  //--------------------------------------------------------------------
24.  //                          模块例化
25.  //--------------------------------------------------------------------
26.    clk_gen_125hz u_clk_gen_125hz
27.    (
28.      .clk_i     (clk_i),     //时钟输入，50MHz
29.      .rst_n_i   (rst_n_i),   //复位输入，低电平有效
30.      .clk_o     (s_da_clk)   //时钟输出，125Hz
31.      );
32.
33.    uart_rec u_uart_rec
34.    (
35.      .clk_i     (clk_i),            //时钟输入，50MHz
36.      .rst_n_i   (rst_n_i),          //复位输入，低电平有效
37.      .rx_i      (rx_i),             //接收模块串行数据输入
38.      .rx_data_o (s_fifo_wr_data),   //接收模块并行数据输出
39.      .rx_wr_en_o (s_fifo_wr_en)     //接收模块并行数据输出写使能
40.      );
41.
42.    uart_fifo u_uart_fifo
43.    (
44.      .clk   (clk_i),         //FIFO 时钟信号
45.      .rst   (s_rst),         //FIFO 复位端口
46.      .din   (s_fifo_wr_data), //FIFO 数据写入端口
47.      .wr_en (s_fifo_wr_en),  //FIFO 写使能
48.      .rd_en (s_fifo_rd_en),  //FIFO 读使能
49.      .dout  (s_fifo_rd_data), //FIFO 数据读出端口
50.      .full  (),              //FIFO 为满标志
51.      .empty (s_fifo_empty)   //FIFO 为空标志
52.      );
53.
54.    unpack u_unpack
55.    (
56.      .clk_i             (clk_i),          //时钟输入，50MHz
57.      .rst_n_i           (rst_n_i),        //复位输入，低电平有效
58.      .host_to_mcu_dir_i (1'b1),           //1 表示主机到从机，0 表示从机到主机
59.      .rx_data_i         (s_fifo_rd_data), //来自 FIFO 的并行数据输入
60.      .rx_empty_i        (s_fifo_empty),   //无并行数据等待传输（接收 FIFO 数据）标志位
61.      .pct_send_rdy_i    (s_pct_send_rdy), //发送就绪标志，1 表示 unpcak 模块可继续接收新数据
62.      .rx_rd_en_o        (s_fifo_rd_en),   //FIFO 并行数据读使能
63.      .pct_mod_id_o      (s_pct_mod_id),   //模块 ID
64.      .pct_sec_id_o      (s_pct_sec_id),   //二级 ID
65.      .pct_data1_o       (s_pct_data1),    //数据 1
66.      .pct_data2_o       (s_pct_data2),    //数据 2
67.      .pct_data3_o       (s_pct_data3),    //数据 3
68.      .pct_data4_o       (s_pct_data4),    //数据 4
69.      .pct_data5_o       (s_pct_data5),    //数据 5
70.      .pct_data6_o       (s_pct_data6),    //数据 6
71.      .pct_rec_rdy_o     (s_pct_rec_rdy)   //unpack 模块接收到正确 PCT 通信协议包标志
```

```
72.      );
73.
74.    wave_generator u_wave_generator
75.      (
76.       .clk_i      (clk_i),      //时钟输入，50MHz
77.       .rst_n_i    (rst_n_i),    //复位输入，低电平有效
78.       .da_clk_i   (s_da_clk),   //D/A 时钟输入
79.       .sel_wave_i (s_sel_wave), //00 为正弦波，01 为三角波，10 为方波
80.       .da_data_o  (da_data_o)   //D/A 数据输出
81.      );
82.  //------------------------------------------------------------------------------
83.  //                            电路实现
84.  //------------------------------------------------------------------------------
85.    assign da_clk_o = s_da_clk;
86.    assign s_rst    = ~rst_n_i;
87.
88.    always @( posedge clk_i or negedge rst_n_i)
89.    begin
90.      if(rst_n_i == 1'b0) begin
91.        s_sel_wave <= 2'b00;
92.        s_pct_send_rdy <= 1'b0;
93.      end
94.      else begin
95.        if(s_pct_mod_id == `MODULE_WAVE && s_pct_rec_rdy == 1'b1 &&
96.              s_pct_sec_id == `CMD_GEN_WAVE) begin
97.          if(s_pct_data1 == `TRIANGULAR_WAVE)
98.            s_sel_wave <= 2'b01;
99.          else if(s_pct_data1 == `SQUARE_WAVE)
100.           s_sel_wave <= 2'b10;
101.         else
102.           s_sel_wave <= 2'b00;
103.       end
104.       if(s_pct_rec_rdy == 1'b1) begin //当 unpack 模块接收到正确的 PCT 通信协议包时
105.         s_pct_send_rdy <= 1'b1;        //使能发送就绪标志，表示 unpack 模块可以继续接收新数据
106.       end
107.       else begin
108.         s_pct_send_rdy <= 1'b0; //清除发送就绪标志
109.       end
110.     end
111.   end
```

步骤 4：完善 dac_to_adc.v 文件

将程序清单 12-3 中的代码输入 dac_to_adc.v 文件的模块例化部分，并参考 2.3 节步骤 5 检查语法。

程序清单 12-3

```
1.   //------------------------------------------------------------------------------
2.   //                            模块例化
3.   //------------------------------------------------------------------------------
4.     dac u_dac
5.       (
6.        .clk_i      (clk_50mhz_i),
```

```
7.        .rst_n_i     (rst_n_i),
8.        .rx_i        (uart_rx_i),
9.        .da_clk_o    (da_clk_o),
10.       .da_data_o   (da_data_o)
11.       );
12.
13.   adc u_adc
14.   (
15.       .clk_i       (clk_50mhz_i),
16.       .rst_n_i     (rst_n_i),
17.       .ad_data_i   (ad_data_i),
18.       .ad_clk_o    (ad_clk_o),
19.       .tx_o        (uart_tx_o)
20.       );
```

步骤 5：仿真测试

检查完 dac_to_adc.v 文件的语法之后，对 dac_to_adc 模块进行仿真。本实验已经提供了完整的测试文件 dac_to_adc_tf.v，可以直接参考 2.3 节步骤 7 对 dac_to_adc 模块进行仿真。如图 12-26 所示，在 da_clk_o 的上升沿，波形数据 da_data_o 进行一次更新。

图 12-26　仿真测试结果

步骤 6：板级验证

本实验已提供了完整的引脚约束文件，参考 2.3 节步骤 9，将工程编译生成.bit 文件，并且将其下载到 FPGA 高级开发系统上，把跳线帽插在 J_{303} 上，将 DAC 输出与 ADC 输入进行连接，通过 B 型 USB 线连接计算机，然后在本书配套资料包的"02.相关软件\信号采集工具"文件夹中，双击运行"信号采集工具.exe"文件。

在"信号采集工具"界面中，单击左侧的"扫描"按钮，选择通信-下载模块对应的串口号（不一定是 COM3，每台机器的 COM 编号可能会不同）。将波特率设置为 115200baud，数据位设置为 8 位，停止位设置为 1 位，校验位设置为 NONE，然后单击"打开"按钮（单击之后，按钮名称将切换为"关闭"），信号采集工具的状态栏显示"COM3 已打开，115200，8，One，None"；同时，在波形显示区可以实时观察正弦波，如图 12-27 所示，如果观察到的波形幅值过小或者波形是一条直线，则可以转动 A/D 和 D/A 转换模块的滑动变阻器来改变波形幅值。

在信号采集工具窗口左下方的"波形选择"的下拉列表中选择"三角波"选项，可以在波形显示区实时观察到三角波，如图 12-28 所示。

同理，选择方波，可以在波形显示区实时观察到方波，如图 12-29 所示。

图 12-27　正弦波波形采集工具实测图

图 12-28　三角波波形采集工具实测图

图 12-29　方波波形采集工具实测图

本 章 任 务

在本实验的基础上增加一个 DAC 输出波形处理模块，分别检测到 3 个独立按键 KEY$_1$、KEY$_2$、KEY$_3$。按下 KEY$_1$ 时，输出波形幅值按"原幅值→1/2 幅值→1/4 幅值→原幅值"的顺序每按一次进行一次切换；按下 KEY$_2$ 时，输出波形按"正弦波→三角波→方波→正弦波"的顺序每按一次进行一次切换；按下 KEY$_3$ 时，输出波形恢复初始状态，即"正弦波、原幅值"。

本 章 习 题

1．什么是 DAC？

2．简述 AD9708 芯片工作过程中的时序图。

3．AD9708 芯片的采样频率最大是多少？

4．计算本实验中 DAC 输出的正弦波周期。

第 13 章 ADC 实验

ADC，是 Analogue-to-Digital Converter 的缩写，表示模/数转换器，是指将连续变化的模拟信号转换为离散的数字信号的器件。在真实世界中的模拟信号，如温度、压力、声音或图像等，需要转换成更容易储存、处理和发射的数字形式。模/数转换器可以实现这个功能，在各种不同的产品中都可以找到它的身影。

ADC 最早用于将无线信号向数字信号转换，如电视信号、长短播电台发送/接收信号等。

13.1 实 验 内 容

本章通过学习 ADC，结合串口通信实验，实现 FPGA 输出 8 位的正弦波数据，使得 DAC 模块输出一个正弦波信号。这个正弦波信号通过跳线帽，将 DAC 模块的输出和 ADC 模块的输入连接起来。然后使用信号采集工具，通过串口读取 ADC 的数据输出，在 PC 端中的信号采集工具中显示正弦波。

13.2 实 验 原 理

13.2.1 A/D 转换及 D/A 转换电路原理图

$2V_{pp}$ 单端配置输入如图 13-1 所示。A/D 转换电路由模拟电压输入接口、衰减电路和高速 AD 芯片 AD9280 组成。AIN 的输入电压峰峰值为 2V，图 13-2 中的电路图根据图 13-1 设计。

图 13-1 $2V_{pp}$ 单端配置输入

在 FPGA 高级开发系统上，XC6SLX16 芯片与 AD9280 芯片的 8 位输出数据 D0～D7 和时钟 CLK 连接，在模拟信号进入 AD9280 芯片之前，经过了 AD8065 芯片构建的衰减电路，衰减以后输入范围满足 AD9280 芯片的输入范围（0～2V）。A/D 转换硬件电路如图 13-2 所示。

图 13-2　A/D 转换硬件电路

13.2.2　AD9280 芯片

AD9280 芯片是 ADI 公司生产的一款单芯片、8 位、32MSPS（Million Samples Per Second，每秒采样百万次）模/数转换器，具有高性能、低功耗的特点。

AD9280 芯片引脚如图 13-3 所示，表 13-1 是对 AD9280 芯片引脚的说明，该芯片有 28 个引脚。

AD9280 芯片的内部功能框图如图 13-4 所示，AD9280 芯片在时钟（CLK）的驱动下工作，用于控制所有内部转换的周期；AD9280 芯片内置片内采样保持放大器（SHA），同时采用多级差分流水线架构，保证了在 32MSPS 的数据转换速率下全温度范围内无失码；AD9280 芯片内部集成了可编程的基准源，根据系统需要也可以选择外部高精度基准满足系统的要求。AD9280 芯片输出的数据以二进制形式表示。当输入的模拟电压超出量程时，会拉高 OTR（Out-of-Range）信号；当输入的模拟电压在量程范围内时，OTR 信号为低电平。因此，可以通过 OTR 信号来判断输入的模拟电压是否在测量范围内。

```
        AD9280ARS
1  AVSS        AVDD  28
2  DRVDD       AIN   27
3  DNC         VREF  26
4  DNC         REFBS 25
5  D0          REFBF 24
6  D1          MODE  23
7  D2          REFTF 22
8  D3          REFTS 21
9  D4          CLAMPIN 20
10 D5          CLAMP 19
11 D6          REFSENSE 18
12 D7          STBY  17
13 OTR    THREE-STATE 16
14 DRVSS       CLK   15
```

图 13-3　AD9280 芯片引脚

表 13-1　AD9280 芯片引脚说明

引脚编号	引脚名称	描　述
1	AVSS	模拟地
2	DRVDD	数字驱动电源
3,4	DNC	空引脚
5~12	D0~D7	8 路模拟信号输出
13	OTR	超出范围指示器
14	DRVSS	数字地
15	CLK	时钟输入
16	THREE-STATE	该引脚接电源为高阻抗状态，接地为正常操作，接地即可
17	STBY	该引脚接电源为断电模式，接地为正常操作，接地即可
18	REFSENSE	参考选择，接地即可
19	CLAMP	该引脚接电源为启用钳位模式，接地为无钳位，接地即可
20	CLAMPIN	钳位基准输入，接地即可
21	REFTS	顶部参考
22	REFTF	顶部参考去耦
23	MODE	模式选择，接电源
24	REFBF	底部参考去耦
25	REFBS	底部参考
26	VREF	内部参考电压输出
27	AIN	模拟输入
28	AVDD	模拟电源

图 13-4 AD9280 芯片的内部功能框图

AD9280 芯片的时序图如图 13-5 所示。由时序图可知，AD9280 芯片在每个输入时钟 CLOCK 的上升沿对输入的模拟信号进行一次采集，采集数据由数据总线 DATA 输出，每个时钟周期 ADC 都会完成一次采集。模拟信号转换成数字信号并不是当前周期就能转换完成的，从采集模拟信号开始到输出数据为止需要经过 3 个时钟周期。在时钟 CLOCK 的上升沿采集的模拟电压信号 S1，经过 3 个时钟周期后（实际上再加上 25ns 的延迟），输出转换后的数据 DATA1。注意，AD9280 芯片的最大转换速率为 32MSPS，即输入的时钟最大频率为 32MHz。

图 13-5 AD9280 芯片的时序图

图 13-6 AD9280 芯片的输入电压
和输出数据的波形图

AD9280 芯片支持输入的模拟电压范围是 0～2V，0V 对应输出的数字信号为 0，2V 对应输出的数字信号为 255。而 AD9708 芯片经外部电路后，输出的电压范围是-5～+5V，因此在 AD9280 芯片的模拟输入端增加电压衰减电路，使-5～+5V 的电压转换成 0～2V。那么实际上对于用户来说，当 AD9280 芯片的模拟输入接口连接-5V 电压时，A/D 输出的数据为 0；当 AD9280 芯片的模拟输入接口连接+5V 电压时，A/D 输出的数据为 255。当 AD9280 芯片模拟输入端接-5～+5V 的变化正弦波电压信号时，其转换后的数据也呈正弦波波形变化，波形如图 13-6 所示。

13.2.3　ADC 实验内部电路图

ADC 实验电路有 22 个引脚，引脚名称、类型、约束及描述如表 12-4 所示。ADC 实验内部电路图则可参考图 12-23，由 u_dac 和 u_adc 模块组成，其中 u_adc 模块的作用是接收来自 AD9280 芯片的 8 位 ADC 信号，并且输出 ADC 时钟及将数据发送到主机进行处理。

u_adc 模块内部电路图如图 13-7 所示，分为 u_clk_gen_125hz、u_rec_ad_data、u_pack 和 u_uart_trans 模块。其中，u_clk_gen_125hz 产生一个周期为 125Hz 的时钟，u_rec_ad_data 模块的作用是接收 AD9280 芯片输出的 A/D 数据，u_pack 模块对 A/D 数据进行打包处理，u_uart_trans 模块则将打包好的数据发送到上位机。

图 13-7　u_adc 模块内部电路图

13.3　实 验 步 骤

步骤 1：复制工程文件夹并添加 Verilog 文件

将"D:\Spartan6FPGATest\Material"目录中的 exp12_adc 文件夹复制到"D:\Spartan6FPGATest\Product"目录中。然后，双击运行"D:\Spartan6FPGATest\ Product\exp12_adc\project"目录中的 dac_to_adc.xise 文件打开工程，该工程的顶层文件为 dac_to_adc.v。

步骤 2：完善 rec_ad_data.v 文件

将程序清单 13-1 中的相应代码输入 rec_ad_data.v 文件的信号定义和电路实现部分，并参考 2.3 节步骤 5 检查语法，下面对关键语句进行解释。

（1）第 9 至 18 行代码：接收波形数据计数器，1 个波形数据包包含 5 个点，每接收到一个 A/D 数据，s_wave_cnt 加 1，范围为 0～4。

（2）第 29 至 37 行代码：产生数据准备就绪标志。在 clk_i 的上升沿，如果 s_wave_cnt 为 000 且 s_wave_cnt_reg 的值为 100，表示波形数据包的 5 个 A/D 数据准备就绪，则输出 pct_rec_rdy_o 被置 1；如果 pct_send_rdy_i 为高电平，即数据已成功发送到其他模块，则将输出 pct_rec_rdy_o 置 0。

（3）第 39 至 63 行代码：输出模块 ID 和二级 ID，将串行数据 ad_data_i 根据计数器的值分别输出到 5 个并行输出 pct_data1_o～pct_data5_o，同时将数据包的第 6 个数据输出 pct_data6_o 置为 0。

程序清单 13-1

```
1.    //-----------------------------------------------------------------------------
2.    //                              信号定义
3.    //-----------------------------------------------------------------------------
4.    reg [2:0] s_wave_cnt;
5.    reg [2:0] s_wave_cnt_reg;
6.    //-----------------------------------------------------------------------------
7.    //                              电路实现
8.    //-----------------------------------------------------------------------------
9.    //1 个波形数据包包含 5 个点，每接收到一个 A/D 转换数据，s_wave_cnt 递增，范围为 0～4
10.   always @( posedge ad_clk_i or negedge rst_n_i)
11.   begin
12.     if(rst_n_i == 1'b0)
13.       s_wave_cnt <= 3'b000;
14.     else if(s_wave_cnt == 3'b100)
15.       s_wave_cnt <= 3'b000;
16.     else
17.       s_wave_cnt <= s_wave_cnt + 3'b001;
18.   end
19.
20.   //s_wave_cnt_reg 延迟 1 个时钟周期
21.   always @( posedge clk_i or negedge rst_n_i)
22.   begin
23.     if(rst_n_i == 1'b0)
24.       s_wave_cnt_reg <= 3'b000;
25.     else
26.       s_wave_cnt_reg <= s_wave_cnt;
27.   end
28.
29.   always @( posedge clk_i or negedge rst_n_i)
30.   begin
31.     if(rst_n_i == 1'b0)
32.       pct_rec_rdy_o <= 1'b0;
33.     else if(s_wave_cnt == 3'b000 && s_wave_cnt_reg == 3'b100)
34.       pct_rec_rdy_o <= 1'b1;        //5 个点已经全部准备就绪，使能数据准备就绪标志
35.     else if(pct_send_rdy_i == 1'b1) //如果该模块数据成功发送到其他模块
36.       pct_rec_rdy_o <= 1'b0;           //清除该模块数据准备就绪标志
37.   end
38.
39.   assign pct_mod_id_o = `MODULE_WAVE;      //模块 ID
40.   assign pct_sec_id_o = `DAT_WAVE_WDATA; //二级 ID
41.
42.   always @( posedge ad_clk_i or negedge rst_n_i)
43.   begin
44.     if(rst_n_i == 1'b0) begin
45.       pct_data1_o <= 8'b0;
46.       pct_data2_o <= 8'b0;
47.       pct_data3_o <= 8'b0;
48.       pct_data4_o <= 8'b0;
49.       pct_data5_o <= 8'b0;
50.     end
51.     else if(s_wave_cnt == 3'b000)
```

```
52.          pct_data1_o <= ad_data_i;
53.        else if(s_wave_cnt == 3'b001)
54.          pct_data2_o <= ad_data_i;
55.        else if(s_wave_cnt == 3'b010)
56.          pct_data3_o <= ad_data_i;
57.        else if(s_wave_cnt == 3'b011)
58.          pct_data4_o <= ad_data_i;
59.        else if(s_wave_cnt == 3'b100)
60.          pct_data5_o <= ad_data_i;
61.      end
62.
63.      assign pct_data6_o = 8'b0;
```

步骤 3：完善 adc.v 文件

将程序清单 13-2 中的相应代码输入 adc.v 文件的信号定义、模块例化和电路实现部分，并参考 2.3 节步骤 5 检查语法。

程序清单 13-2

```
1.   //-------------------------------------------------------------------------------
2.   //                              信号定义
3.   //-------------------------------------------------------------------------------
4.   wire        s_pct_send_rdy; //数据成功由 rec_ad_data 模块发送到 pack 模块标志
5.   wire        s_pct_rec_rdy;  //数据准备就绪标志输出
6.   wire [7:0] s_pct_mod_id;    //模块 ID
7.   wire [7:0] s_pct_sec_id;    //二级 ID
8.   wire [7:0] s_pct_data1;     //数据 1
9.   wire [7:0] s_pct_data2;     //数据 2
10.  wire [7:0] s_pct_data3;     //数据 3
11.  wire [7:0] s_pct_data4;     //数据 4
12.  wire [7:0] s_pct_data5;     //数据 5
13.  wire [7:0] s_pct_data6;     //数据 6
14.
15.  wire        s_rst;          //s_rst = not rst_n_i
16.  wire        s_tx_trans_end; //串口发送模块数据发送完成标志
17.  wire        s_tx_empty;     //无并行数据等待传输（发送数据到串口发送模块）标志
18.  wire        s_tx_rd_en;     //串口发送模块并行数据读使能
19.  wire        s_ad_clk;       //A/D 时钟
20.  wire [7:0] s_tx_data;       //发送到串口发送模块的并行数据
21.  //-------------------------------------------------------------------------------
22.  //                              模块例化
23.  //-------------------------------------------------------------------------------
24.  clk_gen_125hz u_clk_gen_125hz
25.  (
26.    .clk_i     (clk_i),     //时钟输入，50MHz
27.    .rst_n_i   (rst_n_i),   //复位输入，低电平有效
28.    .clk_o     (s_ad_clk)   //时钟输出，125Hz
29.  );
30.
31.  rec_ad_data u_rec_ad_data
32.  (
33.    .clk_i          (clk_i),         //时钟输入，50MHz
34.    .rst_n_i        (rst_n_i),       //复位输入，低电平有效
```

```
35.        .ad_clk_i          (s_ad_clk),          //A/D 时钟输入
36.        .ad_data_i         (ad_data_i),         //A/D 数据输入
37.        .pct_send_rdy_i    (s_pct_send_rdy),    //该模块数据成功发送到其他模块标志输入
38.        .pct_mod_id_o      (s_pct_mod_id),      //模块 ID 输出
39.        .pct_sec_id_o      (s_pct_sec_id),      //二级 ID 输出
40.        .pct_data1_o       (s_pct_data1),       //数据 1 输出
41.        .pct_data2_o       (s_pct_data2),       //数据 2 输出
42.        .pct_data3_o       (s_pct_data3),       //数据 3 输出
43.        .pct_data4_o       (s_pct_data4),       //数据 4 输出
44.        .pct_data5_o       (s_pct_data5),       //数据 5 输出
45.        .pct_data6_o       (s_pct_data6),       //数据 6 输出
46.        .pct_rec_rdy_o     (s_pct_rec_rdy)      //数据准备就绪标志输出
47.        );
48.
49.    uart_trans u_uart_trans
50.    (
51.        .clk_i             (clk_i),             //时钟输入，50MHz
52.        .rst_n_i           (rst_n_i),           //复位输入，低电平有效
53.        .tx_data_i         (s_tx_data),         //发送模块并行数据输入
54.        .tx_empty_i        (s_tx_empty),        //发送模块无并行数据等待传输标志位
55.        .tx_o              (tx_o),              //发送模块串行数据输出
56.        .tx_rd_en_o        (s_tx_rd_en),        //发送模块并行数据输入读使能
57.        .tx_trans_end_o    (s_tx_trans_end)     //发送模块数据发送完成标志
58.        );
59.
60.    pack u_pack
61.    (
62.        .clk_i             (clk_i),             //时钟输入，50MHz
63.        .rst_n_i           (rst_n_i),           //复位输入，低电平有效
64.        .pct_mod_id_i      (s_pct_mod_id),      //模块 ID 输入
65.        .pct_sec_id_i      (s_pct_sec_id),      //二级 ID 输入
66.        .pct_data1_i       (s_pct_data1),       //数据 1 输入
67.        .pct_data2_i       (s_pct_data2),       //数据 2 输入
68.        .pct_data3_i       (s_pct_data3),       //数据 3 输入
69.        .pct_data4_i       (s_pct_data4),       //数据 4 输入
70.        .pct_data5_i       (s_pct_data5),       //数据 5 输入
71.        .pct_data6_i       (s_pct_data6),       //数据 6 输入
72.        .tx_trans_end_i    (s_tx_trans_end),    //串口发送完成标志输入
73.        .tx_rd_en_i        (s_tx_rd_en),        //发送读使能输入
74.        .pct_rec_rdy_i     (s_pct_rec_rdy),     //pack 模块接收就绪标志输入
75.        .pct_send_rdy_o    (s_pct_send_rdy),    //数据成功发送到 pack 模块标志输出
76.        .tx_data_o         (s_tx_data),         //发送数据端
77.        .tx_empty_o        (s_tx_empty)         //发送端无数据标志输出，0 表示有数据等待发送
78.        );
79. //------------------------------------------------------------------------
80. //                              电路实现
81. //------------------------------------------------------------------------
82.    assign ad_clk_o = s_ad_clk;
```

步骤 4：仿真测试

下面对工程中的 dac_to_adc 模块进行仿真。本实验已经提供了完整的测试文件 dac_to_adc_tf.v，可以直接参考 2.3 节步骤 7 对 dac_to_adc 模块进行仿真，仿真结果如图 13-8

所示。因为本实验是将 DAC 产生的波形连接到 ADC 中，所以仿真模拟的 ADC 输入与 DAC 输出是一样的。可以看到，每接收到 5 个波形数据，uart_tx_i 便会向上位机发送一次波形数据包。

图 13-8　查看仿真结果

步骤 5：板级验证

本实验已提供了完整的引脚约束文件，参考 2.3 节步骤 9，将工程编译生成 .bit 文件，并将其下载到 FPGA 高级开发系统上，然后参考 12.3 节步骤 6 进行验证。

本 章 任 务

在第 12 章任务的基础上增加一个频率处理模块，分别检测到 3 个独立按键 KEY_1、KEY_2、KEY_3。按下 KEY_1 时，输出波形幅值按"原幅值→1/2 幅值→1/4 幅值→原幅值"的顺序每按一次进行一次切换；按下 KEY_2 时，输出波形按"正弦波→三角波→方波→正弦波"的顺序每按一次进行一次切换；按下 KEY_3 时，DAC 输出频率及 ADC 采样频率按"原频率→2 倍频率→1/2 频率→原频率"的顺序每按一次进行一次切换。

本 章 习 题

1．什么是 ADC？

2．简述 AD9280 芯片工作过程中的时序图。

3．AD9280 芯片采样频率最大是多少？如果 AD9708 芯片的时钟频率大于 AD9280 芯片的采样频率，则波形会发生什么变化？

4．输入信号幅值超过 ADC 参考电压范围将会有什么后果？

5．如何通过 AD9280 芯片检测 7.4V 锂电池的电压？

附录 A　FPGA 开发常用模块引脚约束

表 A-1　时钟和复位输入引脚约束

网 络 名	芯 片 引 脚
FPGA_CLK	V10
RESET	N7

表 A-2　USB 转串口引脚约束

网 络 名	芯 片 引 脚
CH330_RX	C18
CH330_TX	D17

表 A-3　LCD 触摸屏引脚约束

网 络 名	芯 片 引 脚
LCD_RX	K5
LCD_TX	K3

表 A-4　OLED 显示屏引脚约束

网 络 名	芯 片 引 脚
OLED_CS	F4
OLED_RES	E3
OLED_DC	E4
OLED_SCK	D3
OLED_DIN	F5

表 A-5　参数板接口引脚约束

网 络 名	芯 片 引 脚
PARA_RX	E18
PARA_TX	D18

表 A-6　独立按键引脚约束

网 络 名	芯 片 引 脚
KEY1	G13
KEY2	F13
KEY3	H12
KEY4	H13

表 A-7 拨动开关引脚约束

网 络 名	芯 片 引 脚	网 络 名	芯 片 引 脚
SW0	F15	SW8	E11
SW1	C15	SW9	D12
SW2	C13	SW10	C14
SW3	C12	SW11	F14
SW4	F9	SW12	C9
SW5	F10	SW13	C10
SW6	G9	SW14	C11
SW7	F11	SW15	D11

表 A-8 LED 引脚约束

网络名及颜色	芯片引脚	网络名及颜色	芯片引脚
LED0（红）	G14	LED4（红）	H14
LED1（黄）	F16	LED5（黄）	H16
LED2（绿）	H15	LED6（绿）	J13
LED3（白）	G16	LED7（白）	J16

表 A-9 七段数码管引脚约束

网 络 名	芯 片 引 脚	网 络 名	芯 片 引 脚
SEL0	F3	SELA	J7
SEL1	G6	SELB	L16
SEL2	G3	SELC	K13
SEL3	H4	SELD	K14
SEL4	H3	SELE	K15
SEL5	H5	SELF	K6
SEL6	J3	SELG	L15
SEL7	J6	SELDP	G11

表 A-10 D/A 转换及 A/D 转换引脚约束

网 络 名	芯 片 引 脚	网 络 名	芯 片 引 脚
DA_CLK	P2	AD_CLK	L3
DA_DB0	P4	AD_D0	R3
DA_DB1	T3	AD_D1	N4
DA_DB2	N5	AD_D2	P3
DA_DB3	U1	AD_D3	M5
DA_DB4	U2	AD_D4	N3
DA_DB5	T1	AD_D5	L4
DA_DB6	T2	AD_D6	M3
DA_DB7	P1	AD_D7	K4

表 A-11　矩阵键盘引脚约束

网　络　名	芯　片　引　脚	网　络　名	芯　片　引　脚
COL0	F18	ROW0	C17
COL1	F17	ROW1	J18
COL2	H17	ROW2	H18
COL3	G18	ROW3	E12

附录 B 《Verilog HDL 程序设计规范》
（LY-STD010—2019）简介

深圳市乐育科技有限公司于 2019 年发布了《Verilog HDL 程序设计规范》，版本为 LY-STD010—2019。其详细介绍了 Verilog HDL 程序设计规范，包括排版、注释、命名规范等；还包括 Verilog HDL 文件模板等，并对模板进行了详细说明。遵循代码书写规则和规范可以使程序更加规范和高效，对用户理解和维护代码起到至关重要的作用。

B.1　排版

（1）程序块采用缩进风格编写，缩进的空格数为 2 个。对于由开发工具自动生成的代码，可以存在不一致。

（2）须将 Tab 键设定为 2 个空格，以免用不同的编辑器阅读程序时出现因 Tab 键所设置的空格数目不同而造成的程序布局不整齐。对于由开发工具自动生成的代码，可以存在不一致。

（3）相对独立的模块之间及信号说明后，必须加空行。

例如：

```
wire         s_clk_1hz;        //信号描述或说明
reg  [1:0]   s_cnt;            //信号描述或说明
--------------------------------空行隔开--------------------------------
reg  [1:0]   s_curr_state;     //信号描述或说明
reg  [1:0]   s_next_state;     //信号描述或说明
```

（4）不允许把多个短语句写在一行中，即一行只写一条语句，但允许注释和 Verilog HDL 语句在同一行上。

例如：

```
assign s_rx_reg1 = 0;   assign s_rx_reg2 = 0;
```

应该写为

```
assign s_rx_reg1 = 0;
assign s_rx_reg2 = 0;
```

（5）if、while 等语句独自占一行。

例如：

```
always @(posedge s_clk_1hz or negedge rst_n_i)
begin
  if(!rst_n_i)
    s_curr_state <= ZERO;
  else
    s_curr_state <= s_next_state;
end
```

（6）当两个以上的关键字、信号、参数进行对等操作时，它们之间的操作符之前、之后或前后要加空格。

例如：

```
wire [7:0] s_fifo_write_data;
reg s_rx_reg1;
for(s_index = 1; s_index <= 10; s_index = s_index + 1)
s_count = s_count + 1;
```

B.2 注释

注释是源码程序中非常重要的一部分，通常情况下规定有效的注释量不得少于 20%。注释原则是有助于对程序的阅读理解，所以注释语言必须准确、简明扼要。注释不宜太多也不宜太少，内容要一目了然，意思要表达准确，避免有歧义。总之，该加注释的一定要加，不必要的注释就一定不加。

（1）边写代码边注释，修改代码的同时也要修改相应的注释，以保证注释与代码的一致性。不再有用的注释要删除。

（2）注释描述需要使用"//"，若注释多余一行可使用"/*******/"或每行加上"//"。

（3）注释的内容要清楚、明了，含义准确，防止注释二义性。避免在注释中使用缩写，特别是非常用缩写。

（4）注释应考虑程序易读性及外观排版的因素，使用的语言若是中文、英文兼有的，则建议多使用中文，除非能用非常流利准确的英文表达。注释描述需要对齐。

B.3 命名规范

标识符的命名要清晰、明了，有明确含义，同时使用完整的单词或大家基本可以理解的缩写，避免使人产生误解。

较短的单词可通过去掉"元音"字母形成缩写，较长的单词可取单词的头几个字母形成缩写；另外，一些单词有大家公认的缩写。建议按照表 B-1 所列的方式缩写。

表 B-1 命名缩写方式

全　　称	缩　　写	全　　称	缩　　写
clock	clk	count	cnt
reset	rst	request	req
clear	clr	control	ctrl
address	addr	arbiter	arb
data_in	din	pointer	ptr
data_out	dout	segment	seg
interrupt request	int_req	memory	mem
read enable	rd_en	register	reg
write enable	wr_en	valid	vld

1. 复位和时钟输入命名

（1）全局异步复位输入信号命名为 rst_i/rst_n_i；多复位域则命名为 rst_xxx_i/rst_xxx_n_i， xxx 代表复位域含义缩写;同步复位输入信号命名为 srst_i/srst_n_i;

(2) 时钟输入信号:单一时钟域命名为 clk_i;多时钟域命名为 clk_xxx_i,xxx 代表时钟域含义缩写。

2. 文件和模块命名

一个模块为一个文件,且文件名与模块名要保持一致。文件和模块命名按照所有字母小写且两个单词之间用下画线连接的方式命名。

例如:

```
seg7_digital_led
receive_top
```

3. 参数命名

Verilog HDL 中的参数均按照所有字母大写且两个单词之间用下画线连接的方式命名。

例如:

```
SYS_CLOCK
RX_IDLE
RX_START
```

4. 信号命名

Verilog HDL 中的 wire 和 reg 均属于信号,wire 和 reg 信号按照所有字母小写,且两个单词之间用下画线连接的方式命名,并且要有 s_前缀,低电平有效的信号,应该以_n 结尾。

例如:

```
s_ram_addr。
s_cs_n
```

5. 例化模块命名

Verilog HDL 中的例化模块按照所有字母小写且两个单词之间用下画线连接的方式命名,并且要有 u_前缀。

例如:

```
u_receiver
u_seg7_digital_led1
u_seg7_digital_led2
```

B.4 always 块描述方式

(1) always 块的上一行需要有一行或多行注释简单描述该 always 块的功能。

(2) 1 个 always 块需要配 1 个 begin 和 1 个 end。

(3) begin 放在 always 语句的下一行,与 end 对齐。

(4) 嵌套代码需要缩进两格。

(5) 1 个 always 块只包含 1 个时钟和 1 个复位。

(6) 时序逻辑使用非阻塞赋值。

B.5 编码规范

1．RTL 级代码风格

RTL 指 Register Transfer Level，即寄存器传输级，代码显式定义每个 DFF，组合电路描述每个 DFF 之间的信号传输过程。当前的主流工具对 RTL 级的综合、优化及仿真技术非常成熟。

不建议采用行为级甚至更高级的语言来描述硬件，代码的可控性、可跟踪性及可移植性难以保证。

2．组合时序电路分开原则

图 B-1　数字逻辑电路模型

（1）curr_state = ↑ (next_state);。

（2）next_state = f1(inputs, curr_state);。

（3）outputs = f2(inputs, curr_state);。

DFF 和组合逻辑描述分开，DFF 在 always 块中完成，组合逻辑推荐采用 assign 语句完成，如果采用 always 语句表达组合逻辑，注意敏感列表的完备性、电路的对应性等问题。

例如，图 B-1 中的电路可以描述如下。

```
//时序电路部分，异步复位
always @(posedge clk_i or negedge rst_n_i)
begin
if (!rst_n_i)
curr_state <= 0;
else
curr_state <= next_state;
    end
//组合电路部分
assign next_state = f1(inputs, curr_state);
assign outputs = f2(inputs, curr_state);
```

3．复位

所有 DFF 必须加异步低电平/高电平有效复位信号，同步复位根据实际情况决定是否添加。

B.6　Verilog HDL 文件模板

Verilog HDL 文件模块由模块描述区、模块定义区、参数定义区、信号定义区、模块例化区、电路实现区组成。下面对各个模块举例说明。

1．模块描述区

```
//-------------------------------------------------------------------------
// 模块名称: code_demo
// 模块摘要: 代码样例
// 当前版本: 1.0.0
// 模块作者: Leyutek(COPYRIGHT 2018 - 2021 Leyutek. All rights reserved.)
// 完成日期: 2019 年 01 月 01 日
// 模块内容:
// 注意事项:
//-------------------------------------------------------------------------
```

```
// 取代版本:
// 模块作者:
// 完成日期:
// 修改内容:
// 修改文件:
//----------------------------------------------------------------------
`timescale 1ns / 1ps
```

2. 模块定义区

```
//----------------------------------------------------------------------
//                              模块定义
//----------------------------------------------------------------------
module code_demo(
  input  wire        clk_50mhz_i, //时钟输入，50MHz
  input  wire        rst_n_i,     //复位输入，低电平有效

  output reg  [3:0]  led_o        //LED 输出，4 位
  );
```

3. 参数定义区

```
//----------------------------------------------------------------------
//                              参数定义
//----------------------------------------------------------------------
  parameter LED3_ON = 4'b0111;    //LED3 点亮
  parameter LED2_ON = 4'b1011;    //LED2 点亮
  parameter LED1_ON = 4'b1101;    //LED1 点亮
  parameter LED0_ON = 4'b1110;    //LED0 点亮
  parameter LED_OFF = 4'b1111;    //全部 LED 熄灭

  parameter ZERO    = 2'b00;      //ZERO 状态
  parameter ONE     = 2'b01;      //ONE 状态
  parameter TWO     = 2'b10;      //TWO 状态
  parameter THREE   = 2'b11;      //THREE 状态
```

4. 信号定义区

```
//----------------------------------------------------------------------
//                              信号定义
//----------------------------------------------------------------------
  wire        s_clk_1hz;     //信号描述或说明
  reg  [1:0]  s_cnt;         //信号描述或说明

  reg  [1:0]  s_curr_state;  //信号描述或说明
  reg  [1:0]  s_next_state;  //信号描述或说明
```

5. 模块例化区

```
//----------------------------------------------------------------------
//                              模块例化
//----------------------------------------------------------------------

  //XXXX 模块例化
  clk_gen_1hz u_clk_gen_1hz(
    .clk_i   (clk_50mhz_i),
    .rst_n_i (rst_n_i    ),
```

```
  .clk_o    (s_clk_1hz  )
  );
```

6. 电路实现区

```
//----------------------------------------------------------------------------
//                                   电路实现
//----------------------------------------------------------------------------

  //功能描述
  always @(posedge s_clk_1hz or negedge rst_n_i)
  begin
    if(!rst_n_i)
      s_curr_state <= ZERO;
    else
      s_curr_state <= s_next_state;
  end

  //功能描述
  always @(s_curr_state)
  begin
    case(s_curr_state)
    ZERO:
      begin
        s_cnt = 2'b00;
        s_next_state = ONE;
      end
      ONE:
      begin
        s_cnt = 2'b01;
        s_next_state = TWO;
      end
    TWO:
      begin
        s_cnt = 2'b10;
        s_next_state = THREE;
      end
    THREE:
      begin
        s_cnt = 2'b11;
        s_next_state = ZERO;
      end
    default:
      begin
        s_cnt = 2'b00;
        s_next_state = ZERO;
      end
    endcase
  end

  //功能描述
  always @(s_cnt)
  begin
```

```
    case(s_cnt)
      2'b00  : led_o = LED3_ON;
      2'b01  : led_o = LED2_ON;
      2'b10  : led_o = LED1_ON;
      2'b11  : led_o = LED0_ON;
      default: led_o = LED_OFF;
    endcase;
  end

endmodule
```

附录 C   ASCII 码表

ASCII 值	控制字符	ASCII 值	控制字符	ASCII 值	控制字符	ASCII 值	控制字符
0	NUL	32	(space)	64	@	96	`
1	SOH	33	!	65	A	97	a
2	STX	34	"	66	B	98	b
3	ETX	35	#	67	C	99	c
4	EOT	36	$	68	D	100	d
5	ENQ	37	%	69	E	101	e
6	ACK	38	&	70	F	102	f
7	BEL	39	'	71	G	103	g
8	BS	40	(	72	H	104	h
9	HT	41	)	73	I	105	i
10	LF	42	*	74	J	106	j
11	VT	43	+	75	K	107	k
12	FF	44	,	76	L	108	l
13	CR	45	-	77	M	109	m
14	SO	46	.	78	N	110	n
15	SI	47	/	79	O	111	o
16	DLE	48	0	80	P	112	p
17	DC1	49	1	81	Q	113	q
18	DC2	50	2	82	R	114	r
19	DC3	51	3	83	S	115	s
20	DC4	52	4	84	T	116	t
21	NAK	53	5	85	U	117	u
22	SYN	54	6	86	V	118	v
23	ETB	55	7	87	W	119	w
24	CAN	56	8	88	X	120	x
25	EM	57	9	89	Y	121	y
26	SUB	58	:	90	Z	122	z
27	ESC	59	;	91	[	123	{
28	FS	60	<	92	\	124		
29	GS	61	=	93	]	125	}
30	RS	62	>	94	^	126	~
31	US	63	?	95	_	127	DEL

参 考 文 献

[1] 夏宇闻，韩彬. Verilog 数字系统设计教程[M]. 北京：北京航空航天大学出版社，2017.

[2] 吴厚航，尤恺元，杨亮. Xilinx Artix-7 FPGA 快速入门、技巧及实例[M]. 北京：清华大学出版社，2019.

[3] 徐洋，黄智宇，李彦，等. 基于 Verilog HDL 的 FPGA 设计与工程应用[M]. 北京：人民邮电出版社，2009.

[4] 潘松，黄继业. EDA 技术实用教程——VHDL 版[M]. 北京：科学出版社，2018.

[5] 吴厚航. 边练边学——快速入门 Verilog/VHDL[M]. 北京：北京航空航天大学出版社，2017.

[6] 田耘，胡彬，徐文波. Xilinx ISE Design Suite 10.x FPGA 开发指南[M]. 北京：人民邮电出版社，2008.

[7] 袁玉卓，曾凯锋，梅雪松. FPGA 自学笔记——设计与验证[M]. 北京：北京航空航天大学出版社，2017.

[8] 佩德罗尼. VHDL 数字电路设计教程[M]. 乔庐峰，等，译. 北京：电子工业出版社，2013.

[9] 田耘，徐文波. Xilinx FPGA 开发实用教程[M]. 北京：清华大学出版社，2008.

[10] 吴厚航. 深入浅出玩转 FPGA[M]. 北京：北京航空航天大学出版社，2017.

[11] 刘军. 例说 STM32[M]. 北京：北京航空航天大学出版社，2011.

[12] 王春平，张晓华，赵翔. Xilinx 可编程逻辑器件设计与开发[M]. 北京：人民邮电出版社，2011.

[13] 王杰，王诚，谢龙汉. Xilinx FPGA/CPLD 设计手册[M]. 北京：人民邮电出版社，2011.

[14] 周立功. EDA 实验与实践[M]. 北京：北京航空航天大学出版社，2007.